现代美式建筑创作方法与实践

成 斌 侯新文 著

中国建筑工业出版社

图书在版编目（CIP）数据

现代羌式建筑创作方法与实践 / 成斌，侯新文著 .
—北京：中国建筑工业出版社，2020.9
ISBN 978-7-112-25295-4

Ⅰ.①现… Ⅱ.①成… ②侯… Ⅲ.①羌族－民居－
建筑设计－研究－中国 Ⅳ.① TU241.5

中国版本图书馆 CIP 数据核字（2020）第 114917 号

责任编辑：毋婷娴　石枫华
责任校对：张　颖

现代羌式建筑创作方法与实践
成　斌　侯新文　著
*
中国建筑工业出版社出版、发行（北京海淀三里河路9号）
各地新华书店、建筑书店经销
北京方舟正佳图文设计有限公司制版
北京建筑工业印刷厂印刷
*
开本：880毫米×1230毫米　1／16　印张：11½　字数：311千字
2020年9月第一版　2020年9月第一次印刷
定价：55.00元
ISBN 978-7-112-25295-4
(36051)

序言

在全球化背景下，建筑的地域特色作为全球文化多样性的重要内容，对其进行研究有着迫切的现实必要性；民族建筑又属于地域建筑的重要部分，对其进行创作研究的思考对于当下民族建筑的发展有着重要的现实意义。在这个文化多元的时代，各民族文化互相渗透，为了保留住本民族文化的“原真性”，需要通过文学、语言、建筑等记忆场来构建本民族记忆。民族建筑，是一个群体对自己文化特异性的一种认同，表现的是每个时代所特有的物质文化与非物质文化的总和，也是一个民族在风风雨雨中走过的见证。当代建筑文化创新应该基于传统和历史，扎根于民族文化，诠释出适合新时代需求的精神财富。

民族建筑创作实践中，我个人理解其表现主要有四种类型。第一种是原型继承与组合关系的协调，对民族样式可以采用拿来主义，因为形式更改后就变了，所以形式的东西不能改，那么原型是不能改的，但是组合关系可以改，需要处理原型继承与组合关系的协调。第二是符号的提取跟体量契合。要用传统符号去契合大尺度功能需求，采用符号提取和体量切分组合，构成了大与小的拼接关系，才能够解决建筑师创作与民族建筑文化继承之间的矛盾，符号复合和体量消解是一个互动的过程。第三，要运用符号学的力量。每个少数民族的建筑形式都别具一格，不仅是布局形态、空间，还是装饰、材料、施工等方面都兼具本民族的自身特色；要发挥符号学力量，由符号学决定建筑的走向，特别是具有民族特色的装饰符号。第四种是技术化的过程，技术化过程是运用一种生成手法，包括参数化、材料、建构等手段，把现代的材料技术与我们原有的文化进行某方面的协调、协同，借鉴民族元素，实现本民族元素的现代创新。这四种类型在与具体民族的结合中侧重点也有不同，有些强调地域气候性，有些强调地域材料的表现性，也有的强调民族形式的独特性，我们对于民族建筑的创作，首先应该关注民族的文化传承，其次再逐个解决气候、环境与材料的问题。

羌族是一个有着独特而精湛建筑艺术的民族，在长期的历史发展过程中，羌族人民摸索出了一套适合当地自然环境的民居建筑风格。羌族建筑材料多以石料为主，依山而建，与裸露的山岩浑然一体，最有名的碉楼就是这种建筑风格的代表作。伴随时代的发展，羌族建筑风貌在当代也面临新的困境，需要进行民族建筑语言的重新建构。不同建筑师对羌族建筑、羌式建筑理解不同，技术水平也有差异，使得建筑师介入的民族建筑设计中，对传统民族建筑语汇没有足够的理解与尊重，甚至一成不变地生搬硬套，也没有很好地平衡传统与现代、自然与人工的关系，需要在理论上深刻理解羌族建筑文化的生成背景，充分了解当地建筑空间组织、功能架构及造型手法等要素，将地域特有的空间意象和场所精神融入建筑创作之中。采用当代手法“转译”乡土材料、民族元素，实现民族建筑气质的继承和创新，以此构建出手法现代、韵味传统的现代羌族建筑形态。

本书以建筑创作的理论与建筑设计实践两个角度阐述现代羌式建筑创作的设计方法。理论层面从建筑符号学的角度系统地总结和提炼“羌式”建筑风貌的模式语言，并从聚落、院落、形体、立面装饰、材料与肌理、色彩6个要素构建羌式建筑风貌模式，提出“原生型”“传承型”和“演绎型”三种现代羌式建筑风貌创作的手法，并阐述其含义与具体运用。实践层面，分别进行了乡村民居、单元式住宅、中小学教育建筑、酒店民宿等类型的建筑创作实践研究，展示例证方案30余个，期望能为羌族地区美丽新村建设和羌族建筑文化的现代传承提供一定的技术支撑。

展望未来，随着新技术、新材料和新理念在民族地区的不断渗透和融合，人们的文化自觉和自我认可度越来越高，会更好地推动现代羌式建筑风貌在民族地区的可持续发展，用更科学的手法去转译民族特色，实现羌族建筑风貌的传承与发展，现代羌族建筑一定会走出一条属于自己的民族之路。

本书得到四川省科技厅重点项目《羌族联排式绿色碉楼的创新设计研究》，编号：18ZDYF3350和西南科技大学的共同资助，特此感谢！

成斌

2019.12.18

目录

第 1 章　羌族与羌式建筑------001
1.1　羌族建筑概述------002
1.2　羌式建筑风貌------007

第 2 章　羌式建筑风貌的生成环境------013
2.1　自然环境影响------014
2.2　社会与人文环境影响------019

第 3 章　羌式建筑风貌的模式语言------033
3.1　聚落空间模式语言------034
3.2　建筑类型模式语言------037
3.3　建筑空间模式语言------047
3.4　建筑平面模式语言------049
3.5　建筑形体模式语言------050
3.6　建筑肌理模式语言------057
3.7　建筑色彩模式语言------062
3.8　建筑立面装饰模式语言------066

第 4 章　现代羌式建筑风貌创作的手法------071
4.1　具象创作手法——原生羌风型------073
4.2　抽象创作手法——传承羌风型------086
4.3　意象创作手法——现代演绎型------097

第 5 章　现代羌式建筑风貌创作的实践------105

参考文献------174

第1章 羌族与羌式建筑

1.1 羌族建筑概述

1.1.1 羌族历史

羌族源于古羌，自称“尔玛”或“尔咩”，意为“本地人”，是中国西部一个古老的民族。早在三千多年前，古人在用龟甲和兽骨刻字时就已经留下来有关“羌”的印记。“羌”也是我国最早的文字——甲骨文中唯一有记载的民族[1]。在《说文解字》中，“羌”字是指“从羊，从人，西戎牧羊人也”。羌，西戎部落的牧羊人。字形采用“人、羊”会义。南方蛮闽的“闽”，字形采用“虫”作偏旁，北方边狄的“狄”，字形采用“犬”作偏旁，东方貉的“貉”，字形采用“豸”作偏旁，西方羌族的“羌”，字形采用“羊”作偏旁：这些代表六种人。西南僰人、僬侥，字形都采用“人”作偏旁；大概是因为他们处在坤地，颇有顺理的品性。只有东夷的“夷”采用“大”作偏旁。“大”字，其实就是“人”字（图 1-1）。夷地民俗仁厚，仁厚的人长寿，那里有君子不死之国。孔子说：“我们所在的地区道义不被推行，所以有人想去往九夷之地，于是乘桴筏漂浮于东海。”[2]这也印证了古羌人是以牧羊著称于世，生活在幅员辽阔的西部地区。羌族语言为羌语，属于汉藏语系藏缅语族羌语支，分北部和南部方言。羌族不仅是华夏民族的重要组成部分，还对中国历史发展和中华民族的形成有着广泛而深远的影响。

史书记载，殷商时期，羌为其“方国”之一，有首领担任朝中官职。他们有的过着居无定处的游牧生活，有的从事农业生产。《诗经 · 商颂》记载：“昔有成汤，自彼氐羌，莫敢不来享，莫敢不来王……”这些记载反映了古羌与殷商密切的关系。

夏商周三代，他们由西北高原向四周发展，广泛分布于青海的黄河、湟水流域以及甘肃的大夏河、洮

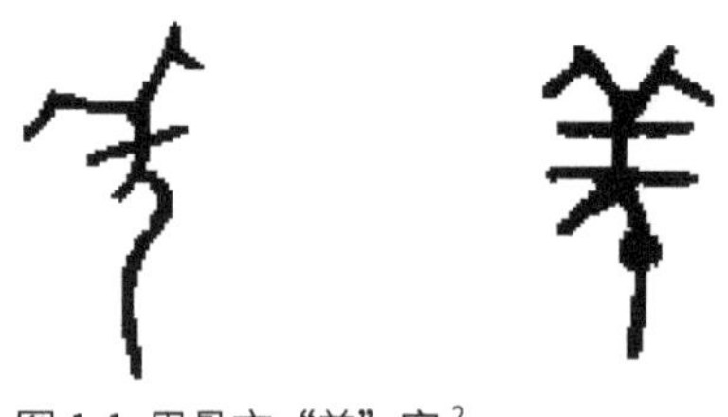

图 1-1 甲骨文“羌”字[2]

河流域。后来，周王室衰落，羌族向外迁徙，进入今西藏北部及雅鲁藏布江流域与当地土著融合，一部分远迁天山南麓发展为后来的“诺羌”。秦汉时期，羌族聚落更加活跃，他们北进东移以及与匈奴建立交通联结。另一方面，中央政权的建立，经济的迅速发展，中央政权对周边民族干预加强，对中国西部产生重大影响。

魏晋南北朝是中国历史上民族融合最为激烈的时期。在此阶段，包括羌族人在内的许多少数民族建立了自己的政权，壮大了自己的势力。在战乱流徙与政治迁移的压力下，大量羌族人融入以汉族为主的多个民族，频繁的战争促进了羌族和汉族的融合。但也有很大部分居住在西部边境的羌族人保留着自己的名号，延续着羌族的文化和发展。

隋唐以来，羌族部落在强盛的吐蕃王朝与唐王朝之间周旋。中原的物资、商品与边区的特产相互交易发展。这种亲密关系促使羌族人汉化的发展，很多羌族部落逐渐发展成为唐朝管辖之地。随着吐蕃势力的东渐，川、甘、青、藏、滇结合部的许多羌族部落逐渐藏化。

根据《宋史》记载：“自石泉至茂州，谓之陇东路，土地肥美，西羌据之。”四川茂县至北川到了宋代一直是羌族的聚居地。宋王朝也对其实行较为松散的羁縻制度，也是历代封建王朝在多民族国家里对社会发展不平衡的少数民族地区所采取的一种民族政策。在

1. 北川羌族自治县政协 . 羌地北川 [M]. 成都 : 四川科学技术出版社，2016：45-47.
2. 容庚 . 金文编 [M]. 北京 : 中华书局 , 1985：263.

图 1-2 依山而居的羌族聚落

政治方面，利用少数民族中传统的贵族进行统治，满足统治阶级的诉求，巩固封建王朝的统治，使边疆少数民族长期保持稳定和安宁，便于边塞军队驻扎管理；在经济方面，让原有生产方式得以维持，满足统治王朝的征收进贡，同时增进羌族等各少数民族地区和中原地区的经济文化联系；在军事方面，羁縻制度使各府州受驻军的控制和管辖，成为军事上的后续力量，充当封建王朝的后备军。

元、明、清王朝对羌族部落实行土司制度。土司制度既是集历代王朝治理经验之大成，又是在宋代羁縻政策的基础上直接发展而来的。在明代时期，羌族人屡屡兴兵滋事，统治者推行强硬政策，实行大土司管辖小土司，形成层层控制管辖的隶属关系，强化土司的管理。明代后期对土司进行了调整，到清王朝为强化统治，在边疆民族地区实行改土归流。改土归流是把少数民族土司管理的方式改为政府官员管理方式。土司即原民族的首领，流官由朝廷中央委派。改土归流有利于消除土司制度的落后性，土司领地成为地方政府直接管理的区域，加强中央对西南一些少数民族聚居地区的统治，减少了叛乱因素，有利于少数民族地区社会经济的发展，对中国多民族国家的统一和经济文化的发展有着积极意义。

今天的羌族人主要聚居在四川省阿坝藏族羌族自治州的茂县、汶川、理县、松潘、黑水等县以及绵阳市的北川羌族自治县，其余散居于四川省甘孜藏族自治州的丹巴县、绵阳市的平武县以及贵州省铜仁地区的江口县和石阡县。大多数羌族聚居于高山或半山地带，少数分布在公路沿线各城镇附近，与藏、汉、回等族人民杂居。1964 年全国第二次人口普查时羌族人口为 4.91 万人，1982 年为 10.28 万人，1990 年为

19.83万人，到2000年第五次全国人口普查时，总人口为30.61万人。在1964—2000年的36年间，我国羌族人口的年增长率为14.54%（图1-2）。

羌族地区的地形西北高，东南低，大部分为高山峡谷，其间层峦叠嶂，山高坡陡，河谷深邃。北部有岷山山脉；龙门山脉斜贯于东南；西部横亘着邛崃山脉。岷江、湔江及其支流是羌族人民的母亲河。羌族地区处在高山峡谷之间，气候温和，冬干春旱，夏秋降雨充足，日照时间较长，昼夜温差大，气温垂直差异显著。羌族地区动植物资源十分丰富。位于汶川县境内的卧龙自然保护区，蜚声中外，被列为联合国国际生物圈保护区。羌族地区的传统农作物以玉米为主，也有青稞、小麦、荞麦、各种豆类和蔬菜。经济林果有花椒、核桃、苹果等。羌族饲养黄牛、牦牛、犏牛、马、羊、猪等牲畜及各种家禽，养羊业较发达。药材种类繁多，其中名贵药材有虫草、贝母、鹿茸、天麻、麝香等。在高山深处，有蕨苔、木耳等山珍，地下有铁、云母、石膏、磷、水晶石和大理石等数十种矿藏。

在这样独特的自然条件下，羌族人民形成了独有的社会传统与生活习俗。作为古羌人的后裔，羌族传统宗教与习俗中也保留了许多古羌人的典型文化特征。就此来看，岷江上游羌族地区是历史发展以来保持羌人古风最完善最纯正的区域，也成为研究羌族历史、建筑和文化的活标本（图1-3）。

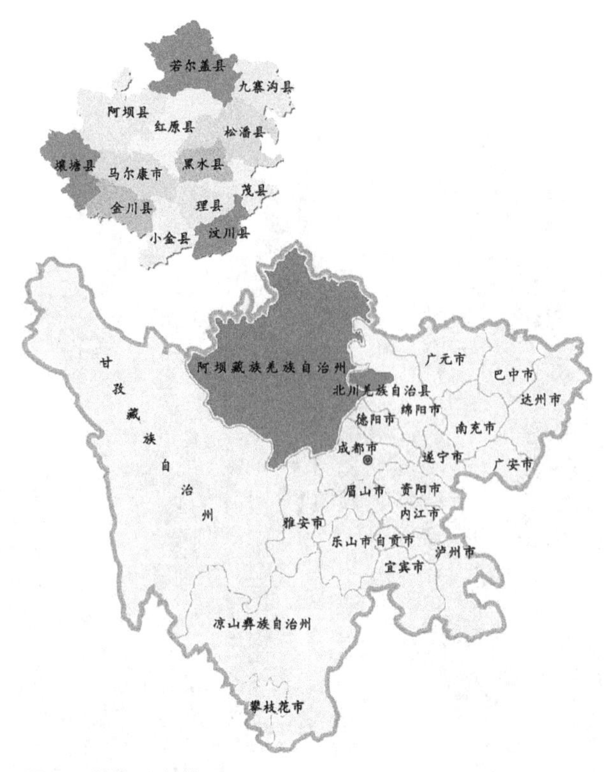

图1-3 羌族分布范围

1.1.2 羌族建筑发展历史

羌族的传统建筑是在长期的自然环境和历史环境共同影响下，形成了适合羌族人民生产生活所需的原型建筑形式，故而把这一类建筑建筑归纳为“羌式”建筑。羌族被称为云朵上的民族，不仅民族古老，它的建筑更是匠心独运，巧夺天工。早在《后汉书·西南夷传》就有羌族人“众皆依山居止，垒石为屋，高者至十余丈”的记载。羌族人民生活最早可以分为以农业生产为主的定居生活、以畜牧业为主的流动生活和二者兼备的季节性流动生活，其建筑形态也随之不同。

根据考古所得的资料，仰韶文化时期，羌族属于游牧民族，采用最原始的帐篷居住模式，也就是现在的庐居，内部以中柱为特色。《汉书·王尊传》：“请以身填金堤，因止宿，庐居堤上。”其中“庐居”就是指住在临时性的简易房子中。著名建筑历史学家张良皋教授在《建筑与文化》一书中谈到“帐幕源于庐居”，人们公认这是游牧民族的居住方式，中央一柱，四根绳索，就可顶起“庐”，成为我国最古老的“攒尖一顶”（图1-4）[1]。

1977年发现的卡若遗址与四川邻近，房屋建造的遗迹中建筑平面有圆形、方形；剖面形态呈半地穴式、

1. 成斌. 四川羌族民居现代建筑模式研究 [D]. 西安：西安建筑科技大学, 2015.

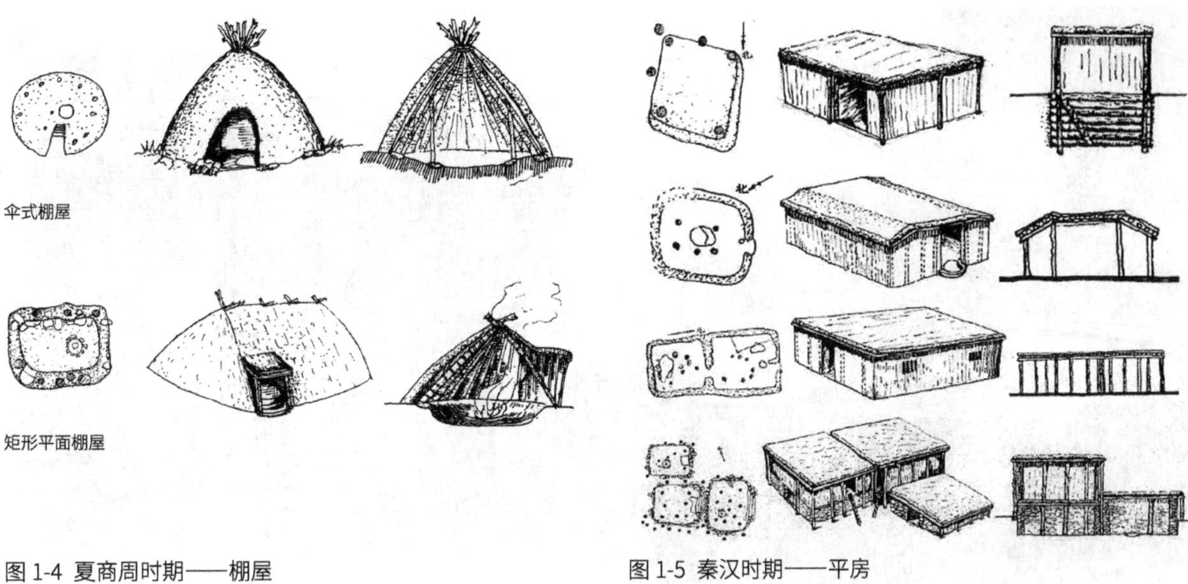

图 1-4 夏商周时期——棚屋

图 1-5 秦汉时期——平房

地上式；立面形态为各式各样的窝棚，构造方式是将砍伐下来的树干的下端沿着平面按一定距离插入土地中，上端在大柱顶部形成聚拢，用草绳将其捆绑固定形状呈伞架状。四川丹巴中路文化遗址中，建筑风格和水平与卡诺遗址大体相同，遗址中密布着房屋、窖穴、灰坑、石墙和石铺道路等，以此显示出当时一定的建造水平和文明发展程度。

秦汉时期，羌族人民来到岷江上游一带开垦土地，生活方式逐渐由游牧转向定居，平房渐渐出现在羌族聚落中，成为羌族建筑演变的重要阶段。在丹巴中路出土的六座石砌建筑中不难看出，羌族先民已经有了较大规模的人工建造建筑，砌石的水平错缝、石块的叠放、墙面的平整程度都非常高，表明石砌技术已经趋于成熟，较为稳定。从现在保存下来的羌族民居中可以看到后墙直接依靠岩体，上层四周砌墙似窑洞形式的延续（图 1-5）[1]。

《隋书》记载："其巢室高十余丈，下至五六丈。每级长余，以木隔之。其下方三四步，巢上方二三步，状似浮图。于下级开小门，从内上通夜必关闭，以防贼盗。"《史记 · 蜀王本纪》中也提到"蜀之先王，蚕丛氏被帝喾封蜀西，居蚕丛山下石室"。可见在唐宋时期，石砌建筑已经在羌族地区普及（图 1-6）。石砌羌族民居发展较为完善，融合了我国传统建筑中游牧民族的帐幕式、汉族的窑洞式和干栏式的特征。也正如冉光荣先生所著的《羌族史》中说的"现在居住在西北、西南的众多民族在语言风俗、宗教信仰、居住建筑等方面，都很有共同点，并都可以从古羌人那里找到一定的线索"。所以亦可以说今天的羌式建筑是窑洞、帐幕和干栏式三者的混合体。

明清时期，羌式建筑类型变得多样，出现了邛笼、碉楼、平座夹板等类型（图 1-7）[2]。这些建筑类型空间形态十分优美，建筑面积增大，内部空间组合布局样式丰富，格局多样。《四川新地志》中提到："羌民之住居，大多为碉居性质，其住屋地点大多皆为便于防守之地，建筑多二层或三层楼式。墙壁多为石片砌成，房顶复以泥瓦或石板，内外间隔……富贵者且

1. 季富政 . 中国羌族建筑 [M]. 成都 : 西南交通大学出版社 , 2000.
2. 季富政 . 中国羌族建筑 [M]. 成都 : 西南交通大学出版社 , 2000.

图 1-6 唐宋时期——石砌建筑

图 1-7 明清时期——碉楼与官寨

多于房角，特建高碉以石片石壁，以木为楼梯，有高至十余丈者，每层均有炮眼，甚为雄壮。”土司制度时期，羌族地区建制官寨，其外形似城堡式，辉煌庞大，构造复杂。土司官寨各具特点，是羌式建筑中非常独特的一种，是象征了土司权力的一种表达，同时也是防御与居住的综合性建筑。

羌族人民不断吸收外来文化，加以本土文化的结合和发展，羌式建筑不论是哪个历史时期都独具个性和内涵，从而也丰富了羌族文化和建筑的多样性。

1.1.3 羌式建筑发展现状

中国传统建筑的发展随历史的脚步不断前进，社会经济发展全球化，建筑也受到外来文化的影响，发生较大的变化。但由于羌族地区位置偏远，社会经济落后，几乎没有受到影响，建筑依旧沿着自己民族的特点进行发展。羌式建筑发展依旧重视生存质量，遵从“以人为本”营建原则，尊重自然环境，展现宗教信仰，传承建筑特点和民族文化。

进入 21 世纪，政府更加关注少数民族地区发展，大力弘扬民族文化。在现代羌式建筑中不再是注重防御与安全，而是更多地考虑居住要求和文化内涵的表达。在四川，少数民族文化建筑创作的重点在于人性的关爱，注重符号的运用、乡土材料的运用以及自然环境的融入。通过符号的提取挖掘地域文化特征，在建筑创作中运用并展现地域特色；通过乡土材料的运用传达地域特征要素和人文情怀，反映地区环境特色，体现地域文化内涵；建筑创作依山就势，根植于当地自然环境中，在选址布局、空间组合、构造处理等方面延续并创新传统方式[1]。

北川作为我国唯一的羌族自治县承载了许多羌式建筑的文化与内涵。2008 年 5 月 12 日汶川地震发生后，北川作为灾后唯一一个灾后重建的县城以及羌族人民聚居的地方，肩负着展示重建成就和抗震精神、展示民族风貌和地域特色的历史使命，同时也充分反映了羌族建筑的发展状况，可以说灾后重建是羌式建筑发展的新阶段（图 1-8）[2]。在地震中，四川传统羌式建筑中的各种不科学的建筑形式，一一暴露出来，在未来的新建筑中必然对其不合理的成分进行淘汰，并且采用新的建筑材料和建筑技术进行替代，以增强四川羌族地区建筑的安全性。在新时期下，对传统羌式建筑的现代转变，并不是对传统建筑语言的全盘否定，也不是对建筑语言的简单复制模仿，而是在人居环境的指导下，根据建筑实际的使用功能和所在自然环境，进行了重组、重构等，以适应现代羌族人民生产生活方式转变的趋势。同时羌式建筑在自我现代转变过程中，也必须考虑羌族对自己民族文化、宗教信仰、生活习惯和建筑文化的尊重。所以，对羌式建筑文化传承和创新中，还应该融入新的建筑技术和新的建筑材料，对传统建筑技术进行更新升级[3]。

图 1-8 新北川县城

1.2 羌式建筑风貌

中国古代文人雅士将“风貌”解释为风采容貌，其中“风”代表所表达出的社会人文，“貌”代表着外在表现出来的容貌。所以从大的聚落讲，风貌中“风”是聚落中和生活功能有关的非物质文化方面，“貌”则是指承载“风”的各种自然和人工要素的外在物质文化表现[4]。

从人们的居住环境讲，建筑风貌是构成城市居住环境的重要内容，与周围环境相互作用，相互影响，是一个不断变化的过程，也是人类生活的历史印记。根据国内外研究学者的论述，建筑风貌大致可以定义为：是在一定历史发展的社会背景下，建筑形成具有

1. 中华人民共和国住房和城乡建设部 . 中国传统建筑解析与传承·四川卷 [M]. 北京：中国建筑工业出版社，2015.
2. 有一种奉献用生命书写_中国地质调查局 [EB/OL]. [2020/5/19]. http://www.cgs.gov.cn/xwl/ddyw/201805/t20180514_457612.html.
3. 罗奇业 . 羌式建筑风貌的模式语言解析及传承 [D]. 绵阳：西南科技大学，2018.
4. 宋晋 . 山东平原地区乡村风貌模式语言研究 [D]. 济南：山东建筑大学，2017.

(a) 黑虎碉楼

(c) 茂县官寨

(b) 金川县中国第一碉

(d) 增头寨羌式民居

图 1-9 羌式建筑

特定地域的平面、形式、肌理、色彩、装饰等，是主导聚落物质层面的核心内容，呈现出具有地域性、时代性和文化性等诸多特征和功能。

20 世纪 60 年代，国外开始关注建筑风貌的研究，但并没有从城市设计的角度概括出风貌的概念。随后，西方文化促使更加关注规划的社会人文精神，注重内涵，而不是一味地追求功能主义。总体来看，西方国家对建筑风貌特别是农村建筑风貌外观特征的理论研究及设计都相对较少，目前可以检索到的大多是关于对规划设计、色彩运用规划、景观设计等的探讨。而对于国内来说，还是有不少针对农村地区或少数民族建筑风貌的研究。城市危机与城市建筑风貌的自组织机制的探讨；从传承与创新的角度探讨历史文化名城建筑风貌的传承与创新策略；结合旅游业发展以及建筑平立面、结构、体量、细部装饰等对某地的建筑风貌的探讨研究；借鉴亚历山大的建筑模式语言对空间关系进行研究等。

羌族的历史演进过程和聚居区的地理位置对建筑

的形成与发展产生重要影响。羌式建筑风貌的形成也融入了中国传统游牧民族的帐幕式、汉族的窑洞式和干栏式等建筑特征，建筑古朴雄厚，气势宏伟。此外，羌族人民质朴勇武的性格，和对祖先与自然的无比崇尚都在建筑风貌中有所体现。羌式建筑风貌的特色更多的也是通过一体化群体布局体现，具有极高的美学价值，厚重感极强的石材肌理和浅灰色是该类型建筑的标志（图 1-9）。

1.2.1 羌式建筑的地域性

地域建筑是富有特色的聚落形态，展示着地域的文化品质、价值取向和自然适应性，是所在地域最显著、最具代表性的人文景观，是人类创造出来的，与所在地域的自然与人文环境相适应的特定文化景观。地域建筑是与其所在地域的自然生态、文化传统、经济形态和社会结构之间密切关联的特定建筑。地域建筑更加强调对本地区的具体条件和客观环境作深刻的理解，更加充分和全面地表达建筑创作的内涵与精髓。

羌式建筑创作的地域性表现在自然、人文和生态优势，在自然环境主导下实现建筑与环境共生，在人文社会的影响下实现建筑的创新与传承，在经济技术的发展下实现因地制宜的融合与发展。从羌族发展的整体来看，羌式建筑地域性创作首先立足于地域的自然生态，满足自然条件的限定与约束、经济发展的局限性以及资源水平的制约；其次，注重民族性的表达，展现羌族历史与宗教文化的特点以及对传统民族生活方式的延续与文化的传承；然后，在这些基础上充分利用先进可行的营建技术；最终实现与自然环境和谐共生、表达民族文化特点、对经济技术融合的地域性建筑。

羌族地区是典型的封闭式中高山峡谷区，受山地地形限制，建筑群少有中轴线对称或贯穿始终的情况，多数为顺应自然，尊重自然的建筑形式，依地势高低变化，建筑也形成高低错落、层层叠叠的建筑形态。单体建筑中常常使用退台的建造形式，吊脚楼、爬山楼也成为常见的处理山地高差的建筑形态，具有山地建筑的典型特征。此外，羌族人民长期处在斗争与战乱中，建筑营造更是考虑防御要求，因此，高山台地成为羌族传统定居的首选。

羌族是一个十分崇尚自然与祖先的民族，有着浓厚的地域文化和宗教信仰。在羌式建筑中也有较为丰富的展现。建筑选址依山傍水、聚落朝向神的地方，家家户户大门方向遵从“门对槽、坟对包”的风水观，其中“包”为村寨旁的山顶或山梁子，“槽”为山间的空隙。因此也形成了聚落沿山沟蔓延发展的空间形态。除此之外，建筑中也蕴含了许多民族文化和宗教信仰，建筑顶部的白石文化、建筑墙壁的回纹装饰文化和过街楼等都体现了民族审美与民族特色。

羌式建筑中不仅仅有审美文化，还有建筑技术层面的文化。建筑材料采用石块砌成，建筑形态高大雄厚，其中最具羌族特色的当属碉楼，经历了几百年的历史岁月与无数地震灾害依旧屹立不倒，整体形成易守难攻的格局，成为羌族独具特色的建筑风貌。羌式建筑民居中罩楼、挑楼、过街楼、收分、退台等无不体现羌式建筑的技术特点。随着社会经济的发展，新型的建筑材料和建筑技术使传统羌式建筑得到修缮和更新，满足当地人不同的物质及精神需求，适应现代羌族地区生产生活发展变化（图 1-10）。

现代羌式建筑创作地域主义，要求不仅体现民族性、地域性，而且更加注重绿色、生态、节能，实现技术、生态、人文面面俱到。对于生活在山地、经济相对并

图 1-10　与自然环境和谐共生的羌族聚落

不发达的地区，建造成本的经济性是当地人建造技术选择的主导因素，适宜的地域性低技术注重效益而非效率的生态技术观点，不同于高技术高投入的高效率。我们更应该从所需的建筑性能和建筑全寿命周期的角度去分析、判断、计算及选择，使地域气候和物质条件相结合的改善建筑微气候、节能技术的措施，达成适宜发展的转化与应用。

1.2.2 羌式建筑风貌的性格特征

性格是人的思想和行为在外貌仪表中所反映的一种气质与风度。人们生存、生活在不同的国家、社会、民族和家族群体中，必然受到他们的影响和约束，人的性格形成就是在这些社会组群环境中形成、发展、变化和成长的。它对一定事物的形成起到一定的影响，对建筑也是如此[1]。

建筑的性格特征是由建筑的外在形象和内在使用目的所决定的，两者之间有着密切的关系。建筑的性格特征也反映了建筑的功能及其内涵——对建筑空间、形式与秩序的把握。同时，建筑性格特征随着社会演进和时代发展而变化发展，是一个动态的过程，也是人们社会生活的一面镜子，展现了人们在不同时期的生活。同时，不同历史时期的社会环境也塑造了独具特色的建筑性格，两者相互影响、相互促进。建筑能引起人们情绪上的反应，这是一种以形状和特点都很明确的某种线条和体积为基础所产生的直接心理学效果的反应[2]。

一个民族及地域的文化是属于意识形态的范畴，而建筑是物质形体，但通过建筑载体反映了民族地域文化所表达的思想观念、希望或理想以及内涵。因而建筑也形成了独具民族地域文化的性格特征。根据羌族发展历史及建筑发展现状，将羌式建筑性格大致分为气势雄厚的防御性、形态自由的务实性、向心凝聚的团结性以及意象质朴的世俗性。

1. 气势雄厚的防御性

从羌族的历史发展进程看，羌族自古就战乱频发、动荡不安、民族争斗不断，中央政权与地方土著矛盾不断。为了应对不断爆发的战乱和羌族人民努力求生和发展的诉求，羌族建筑不得不重点考虑防御问题。羌族村寨中不论在整体规划空间上还是单体建筑中无处不体现防御性。羌寨的形成与发展大多没有确切的规划或者固定模式，而是根据“防御”和“居住”两大功能为出发点自由生长，是较为单纯的聚居地；建筑特点更是高大、雄厚，材质以石块为主，建筑开窗较少，窗洞尺寸也小，充分考虑防御要求。

2. 形态自由的务实性

羌寨在选址方面充分考虑防御要求，大多都为高山台地地区，这就造成了平地稀少的问题。一方面，为同时满足建筑用地及生活农耕用地需求，在平地稀少的现状面前，建筑就呈现出充分利用空间的自由形态与务实性，以节约用地。羌寨中的居住建筑大致分为三层，底层用于牲畜的饲养，中间为人们居住和日常生活所需，顶部多形成退台的形式，用于谷物的晾晒和日常活动空间，很好地利用建筑分配生产生活的需求，也节约了土地。另一方面，受地形影响，建筑修建顺应山势，尊重自然，避免了建筑建造过程中的大量挖方填方，建筑材料就地取材降低成本，建筑修建的整个过程节约了大量的人力和物力。因而，从羌寨整体来看，建形态丰富，自由多变，充分展现了羌族建筑的务实性。

---

1. 陆元鼎 . 岭南人文·性格·建筑 [M]. 北京：中国建筑工业出版社，2015.
2. 罗伯特 . 哈姆林 . 建筑形式美的原则 [M]. 邹得侬译 . 北京：中国建筑工业出版社 ,1982:176—195.

3. 向心凝聚的团结性

从羌寨整体来看，碉楼成为一个寨子的中心。旧时村寨大多以碉楼为中心，围绕碉楼向四周蔓延，有较为明显的向心性。当时的碉楼用作防御功能，是哨位和瞭望台以及人们避难的场所。现在，碉楼成为羌寨的公共建筑。羌族人民之间邻里关系亲密，互相来往密切，任何一家的屋顶退台或火塘都成为他们聚会的场所。

从建筑单体来看，羌族建筑有主室和火塘，是一个建筑的核心，各种神位和祖先的供奉也在这里。主室的中心柱支撑建筑大梁（也有建筑中的中心柱没有成为真正的结构作用），形成较大的主室空间，被看作一个家庭的中心和精神支柱。主室中火塘、中心柱和神位成为羌族建筑中的不变要素，被赋予了神的象征。由此可见，羌族建筑风貌向心凝聚的团结性。

4. 意象质朴的世俗性

羌族人民自古对自然与祖先有着无比高尚的崇敬之情，具有浓厚的原始宗教色彩。羌族人民信仰“万物有灵”，天有天神、山有山神、树有树神。在战乱频发的历史环境和深山高谷的自然环境下，生存变得格外艰难，人民向各种神祇祈求庇护，将无限的崇拜敬献给自然与神祇，给予他们心灵上的慰藉。因而，这种思想在建筑上表现得淋漓尽致。其中最为独特和常见的是羌式建筑中的白石。白石一般是当地的白色石英岩，一块或多块地放置在建筑屋顶女儿墙的转角处，或者在门楣、窗楣上一字排列，又或者在建筑檐口镶嵌一条白石带。此外，建筑门窗的装饰、墙壁的图腾、民居门口放置的石敢当等都展现了羌式建筑风貌意象质朴的世俗性。

1.2.3 羌式建筑风貌传承与现代更新

建筑是文化的载体，民族建筑更是一种民族文化的核心，记录了一个民族的生活、生产和演变过程，是人们文化信仰的庙宇，具有非常重要的历史文化价值。在现代中国城乡建设中，更加注重城市文化和城市底蕴。因而，我们要更加认真地保护和传承建筑文化。羌式建筑在我国少数民族建筑上历史悠久，独具特色。在了解了羌族的历史发展和建筑现状下，对建筑风貌的传承尤为重要。但在另一方面，社会不断发展进步，人们的想法与需求也在不断改变，传统的民族建筑构建方式、建筑风貌等，对于现代的生活、生产方式难免产生矛盾，建筑更新也成为当代人要考虑的问题。

随着时代的发展，羌族人民也不再饱受战乱影响，因而羌寨的发展逐渐由高山台地向河谷平坦地区迁移，建筑营造也不再重点考虑防御问题。人们生活

(a) 传统羌式建筑风貌

(b) 羌式建筑风貌的更新

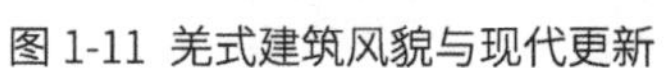

图 1-11 羌式建筑风貌与现代更新

更加现代化，与城镇交往逐渐密切。受外界环境影响，羌寨中的建筑也稍有变化，但大多仍然保留了传统的建筑构建模式和建筑风貌。例如，仍然保留以石块为主要原材料、建筑墙面保留传统的民族图腾、白石依然是建筑中重要的装饰等，许多建筑特征被保留和传承。此外，人们更加重视生活需求和生活质量。建筑通过修复、替换和增添等方式使其更加满足人们居住的要求。例如，建筑开窗尺寸更加符合人们居住环境要求、退台逐渐减少取而代之的是封闭的屋顶、更加完善的公共基础设施以及村寨整体更加具有规划性等（图 1-11）。

建筑更新作为历史性建筑的再利用方式是人类建筑活动的一部分，也是城市演变发展的基础单元。如何把握建筑更新的尺度，以及在社会大背景下其他建筑形式不断涌入的过程中，如何更好地使传统羌式建筑文化价值与魅力传承下去都成为一个重要的问题。同时，将传统建筑文化与现代建筑思想进行有效的融合，使其更好地发展也成为民族建筑发展的重要趋势。对于羌式建筑的传承与更新本章结合历史与发展现状提出以下几项原则：

1. 地域性

结合羌族所在地区的自然环境与社会人文环境，总结概括地域文化特征要素，在建筑传承实践中充分结合自然、人文与技术等特点，凸显地域文化的特异性。

2. 生态性

更加强调建筑与自然环境的和谐统一，强调生态性原则，尊重自然、保护自然、顺应自然，以可持续发展理念引导建筑传承与更新。

3. 适宜性

以传统建筑原型为基础，结合新时代发展趋势、人们对美好生活的追求以及现实自然条件，在实践中运用现代建筑创造与技术方式对羌族建筑进行适宜的更新与体现。

4. 整体性

在对羌族建筑的传承与更新过程中应注重聚落整体的风貌表达，避免以偏概全或过度强调某一特征要素，导致建筑风貌不协调。要结合村落整体水平形成能展现民族建筑文化特色的整体效果。

5. 民族性

注重建筑风貌的民族特征体现，表现羌族的民族习俗、民族信仰、生产、生活等，区别于其他建筑形态，使建筑更加具有本土的代表性和本民族的民族性。

第2章 羌式建筑风貌的生成环境

在中国工业化和城市化快速发展的背景下，现代建筑的本土化和地域化成为当下时代的一个热门话题。按照《天津市历史风貌建筑保护条例》的定位，历史风貌建筑是:“建成50年以上, 在建筑样式、结构、施工工艺和工程技术等方面具有建筑艺术特色和科学价值；反映本市历史文化和民俗传统，具有时代特色和地域特色；具有异国建筑风格特点；著名建筑师的代表作品；在革命发展史上具有特殊纪念意义；在产业发展史上具有代表性的作坊、商铺、厂房和仓库等；名人故居及其他具有特殊历史意义的建筑。”而历史风貌建筑集中的街区为历史风貌建筑区。同样，对于古老而又独具特色的羌式建筑，建筑风貌的研究更有意义，保护与传承也更为重要。

建筑风貌是在特定的区域环境和特定的技术条件下形成的，必然是一个演变发展的过程；同时建筑并不是孤立的存在，而是建立在一定的自然地域和人文环境条件下的。为了实现具有地域性的羌式建筑风貌的可持续性发展，就有必要对根植于建筑生存的乡村聚落的建筑风貌的原型进行解析，才能把这些传统的建筑风貌要素运用到现代建筑设计中，从而塑造出具有地域文化的本土建筑。

然而，影响建筑风貌形成的因素有很多。大致概括为自然环境因素和社会与人文环境因素。对于羌式建筑而言，一方面，大多集聚在四川省境内，因此受地形地貌、气候及水文地质特征影响尤为明显。另一方面，在20世纪50年代，人们陆续在岷江上游和杂谷脑河沿岸的汶川县威州姜维城、理县箭山寨、茂县营盘山等地发现了新石器时代文化遗址。还发现了较多的春秋战国至西汉时期的石棺葬墓群，如茂县撮箕山石棺葬墓群、牟托石棺葬及陪葬坑、理县佳山石棺葬墓群。出土的器物有陶器、石器、木器、青铜器等。这些考古发现不仅说明了今天羌族分布的地区很早就有人类栖息繁衍，也展现了羌族形成的时间之久远。羌族的形成和在政治制度、文化宗教、民族迁徙和民族生产、生活方式的演变发展的过程更是对今天羌族建筑风貌产生着不容忽视的影响。

2.1 自然环境影响

中国地大物博，自然环境丰富，不同的地域有不同的自然环境。建筑作为连接人与自然之间的中介，像植物一样扎根在大自然中，与周围环境恰当的融合，与大自然融为一体。羌式建筑风貌自然环境的研究主要针对地形地貌特征、气候环境特征、地质及水文特征等方面，这些自然因素是形成羌式建筑风貌的基础，对当今四川羌族地区的建筑风貌研究和利用自然因素构建绿色建筑的研究具有重要的现实意义。

2.1.1 地形地貌

羌族大多分布在四川省境内，主要分布在四川省阿坝藏族羌族自治州的茂县、汶川、理县、松潘、黑水等县以及绵阳市的北川羌族自治县，其余散居于四川省甘孜藏族自治州的丹巴县、绵阳市的平武县以及贵州省铜仁地区的江口县和石阡县。大多数羌族聚居于高山或半山地带，少数分布在公路沿线各城镇附近，与藏族、汉族、回族等杂居。

四川省地跨青藏高原、横断山脉、云贵高原、秦巴山地、四川盆地等几大地貌单元，地势西高东低，由西北向东南倾斜。地形复杂多样，地表起伏之悬殊，在中国仅新疆、西藏可比。以羌族主要聚居地区阿坝州为例，阿坝州地处青藏高原东南缘，横断山脉北端与川西北高山峡谷的结合部，地貌以高原和高山峡谷为主。长江上游的主要支流岷江、大渡河纵贯全境，也是黄河唯一流经四川的地区，是黄河上游的重要水源地。阿坝州复杂的地形地貌，构成了独特的地理环境，保留下世界上别的地方早已绝迹的动植物资源，如熊猫、珙桐等活化石，保留了在工业文明中难以找到的静谧、古朴的壮丽自然景观，如九寨沟、黄龙等世界自然遗产。该区域平均海拔在4000～5000m，四川阿坝州和绵阳北川、平武羌区坡度普遍大于25°，如

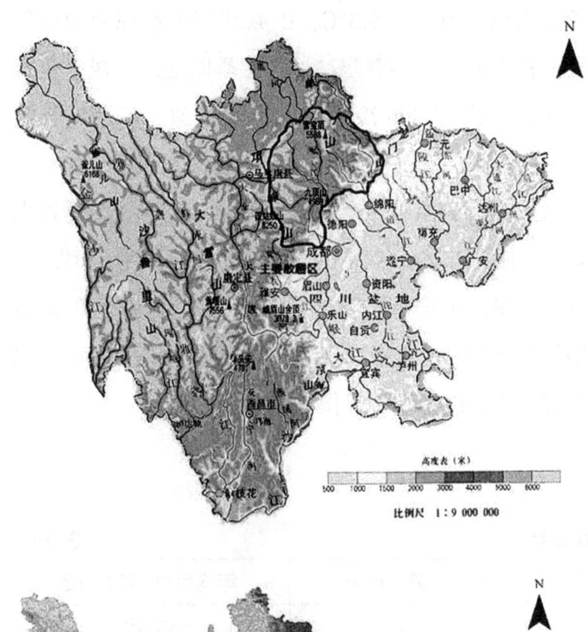

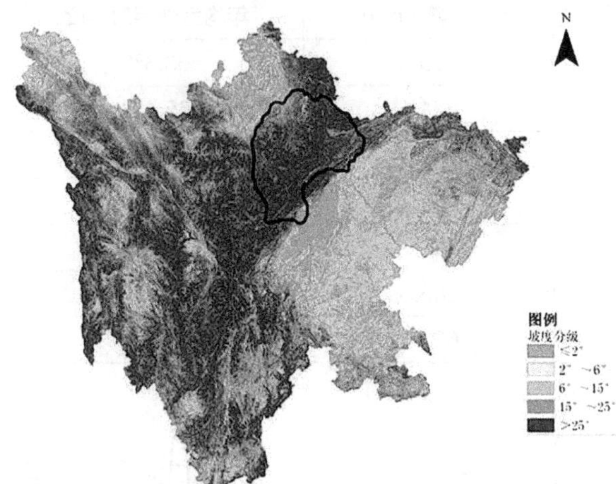

图 2-1 阿坝藏族羌族自治州海拔高度和坡度

图 2-1[1]。根据我国地势分布的阶梯划分，该区域主要处于第一阶梯青藏高原东部边缘的川西北高原到第二阶梯四川盆地边缘过渡的高山峡谷区。

中国古代的羌族人民在聚落选址上更多考虑安全防御因素，因此并没有选择靠近水源河流的地带发展聚落，而是山区地带，房屋建造时普遍选择在不适应农作物生成的坡地或山间，把本身就很少的平地作为耕地以满足生活基本所需。中华人民共和国成立后，整个社会趋向和平和稳定，羌族人民也逐渐迁入河谷和山地交接的坡脚地带。此外，限于当时低下的社会生产力和建造技术，并没有能力对过于复杂的地形地貌进行改变，只得顺应地形依山就势地建造房屋，这样从单体建筑外部看具有很丰富的局部变化，从远处观察整个聚落，建筑群体则是高低错落、层层叠叠、层次分明的聚落形态，从而产生了巨大的视觉冲击力（图 2-2）[2]。

在四川岷江上游和涪江上游的羌式建筑主要沿等高线形成多个退台，并且屋顶采用平屋顶，其中一个重要的原因是把有限的平地作为耕地，使得建筑周围缺乏粮食晒场，只有通过建筑本身的退台形成的空间作为晒场之用。整个四川羌族聚居区域的地形坡度比较大，聚落基本是沿山地布局，整体上呈现层次分明的山地聚落类型，从下到上主要形成“河谷—半山—半高山”类型聚落的竖向空间形态（图 2-3）。

图 2-2 具有视觉冲击力的羌式建筑示意图

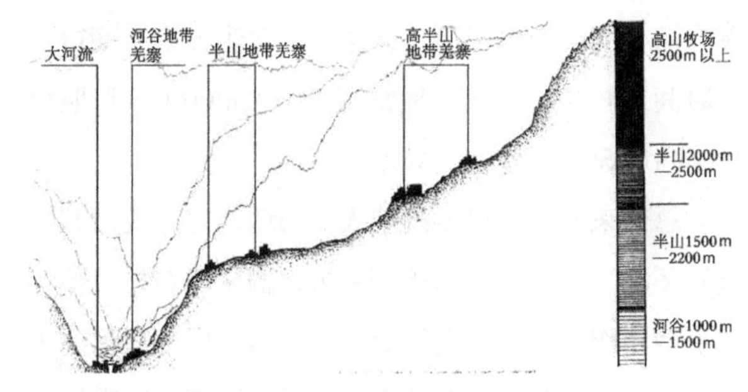

图 2-3 羌族聚落竖向空间形态示意图

1. 罗奇业 . 羌式建筑风貌的模式语言解析及传承 [D]. 绵阳：西南科技大学 ,2018.
2. 季富政 . 中国羌族建筑 [M]. 四川：西南交通大学出版社 , 2000.

2.1.2 气候特征

四川羌族聚居区的气候环境主要呈现出高原山地气候特点，随海拔的增加，气温呈下降趋势，但是由于该区域内复杂的地形地貌，气温变化并不是完全按照该规律变化，气候环境特征在总体特征基础上呈现局部的多样性变化。

阿坝州气温自东南向西北随海拔由低到高而相应降低。西北部的丘状高原属大陆高原性气候，四季气温无明显差别，冬季严寒漫长，夏季凉寒湿润，年平均气温 0.8 ～ 4.3℃。山原地带为温凉半湿润气候，夏季温凉，冬春寒冷，干湿季明显，气候呈垂直变化，高山潮湿寒冷，河谷干燥温凉，年平均气温 5.6 ～ 8.9℃。高山峡谷地带，随着海拔高度变化，气候从亚热带到温带、寒温带、寒带，呈明显的垂直性差异，海拔 2500m 以下的河谷地带降水集中，蒸发快，成为干旱、半干旱地带，海拔 2500 ～ 4100m 的坡谷地带是寒温带，年平均气温 1 ～ 5℃，海拔 4100m 以上为寒带，终年积雪，长冬无夏。

四川羌区气候参数 表 2-1

地名	年均日照（h）	年均室外温度（℃）	年降水量（mm）	年均室外相对湿度
松潘	1827.5	6.3	708.3	63.3%
黑水	2095~2417	9.2	821.1	65.1%
理县	1680.4	11.4	619.3	68.3%
茂县	1549.4	11.2	462.3	73.6%
汶川	1042~1694	14.1	481.7	67.3%
北川	939.1~1111.5	15.8	866.5	76.0%
平武	1376	14.7	692.8	71.0%

从气候环境统计数据表 2-1 来看，阿坝州年平均气温在 10℃左右，绵阳平武县、北川县年平均气温在 14℃左右，在冬季时都是寒冷或严寒，整个四川羌区年平均气温普遍不高；四川羌区的气候由于空气相对湿度低在 60% 左右，空气中水分相对较少，加上区域内海拔高，空气稀薄、云量少、含尘沙少，使得日照时间比较长，年日照通常不少于 15000 h，日照百分率高达 50%以上 [1]。

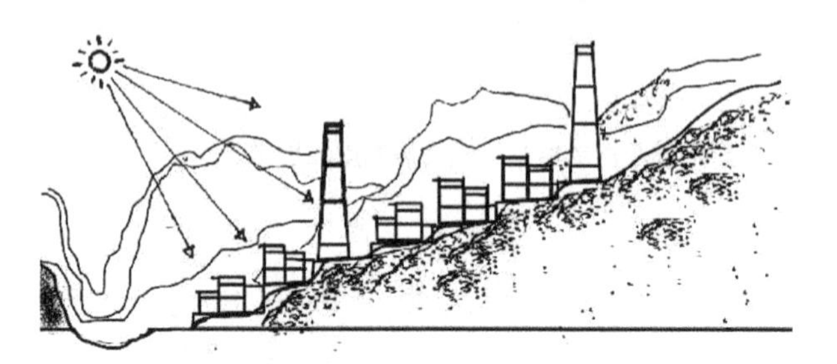

图 2-4 背山向阳的羌族聚落建筑剖面示意图 [2]

总体来说，四川羌区的人民为适应寒冷或严寒的气候环境，该区域内的传统建筑普遍采用石材墙体、坑土墙体作为外部围合建筑用材，防止内部热量的丢失，同时为了获得更多的太阳热量，建筑一般采用背山向阳的布局方式。在背山向阳这一面墙体上开一些小的窗洞，这里的窗洞是外墙小、内部大，整个窗洞为梯形造型，这样的造型有利于室内通风，同时也避免了太阳的直射，但是室内采光并不理想，一些居民

1. 高瑞．川西嘉绒藏族传统聚落景观研究 [D]. 西安：西安建筑科技大学，2015.
2. 罗奇业．羌式建筑风貌的模式语言解析及传承 [D]. 绵阳：西南科技大学，2018.

(a) 穿斗建筑

(b) 平坐穿斗夹板建筑

(c) 石砌坡顶建筑

图 2-5 河谷地带的羌式建筑

也对其进行了改造，扩大了窗洞面积以获取更多的采光效果；在迎风面基本是不开窗洞以减少寒气进入室内；除此之外，部分建筑也在建筑屋顶开设天窗，让阳光直接进入室内深处，增加室内光线；为了获取更多阳光，传统的羌式建筑普遍是将用于居住的室内空间放置在二层及以上，底层作为生产用房。在向阳一面通过退台作为晾晒场，同时在半山和河谷地带传统的羌式建筑也通过木质挑楼形成集热墙，来增加室内的热量。羌式建筑这种根据气候环境进行顺应，保证了与周边环境融为一体，是其历经千年仍然得以传承的重要原因之一。

以“河谷—半山—半高山”聚落分布为例来详细说明竖向气候变化对各自地方建筑风貌的影响（图 2-4）。

1. 河谷地带

该地区由于有肥沃的耕地和充足的水源，使得农作物产量高，加上该地带对外联系方便，因此成为羌寨的主要聚居区，建筑密度相对半山和高山更高，建筑一般沿等高线平行布局。这一地区气候环境下主要形成了三种基本建筑类型：第一种是靠近汉族区的北川县、平武县使用木材料形成的穿斗建筑，与四川汉族传统民居无大异，在汶川地震后基本被遗弃（图 2-5（a））；第二种为平坐穿斗夹板建筑，一层为石砌、二层为木质集热墙（图 2-5（b））；第三种为石砌坡顶建筑，一般为二层建筑，此外还以厨卫和生产用房形成相对围合的院落空间（图 2-5（c））。

该区域的建筑具有以下几个方面的共性特征：由

(a) 龙溪羌人谷羌式建筑

(b) 桃坪羌寨羌式建筑

(c) 桃子坪羌寨建筑

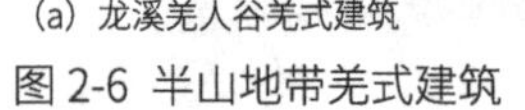

图 2-6 半山地带羌式建筑

于降水量较大，建筑均采用了坡屋顶作为排水措施，屋顶出檐口比较长，以减少雨水对墙体的冲刷；该区域空气湿度较半高山和半山地区大，建筑室内的通风除湿防潮要求高，一般建筑勒脚高，在建筑山墙设有窗洞，以增加室内通风效果；该地区的建筑整体与阿坝半山和高半山地带的传统石砌羌式建筑相比，缺乏了传统羌式建筑的形体美。

2. 半山地带

半山地区的聚落主要是为了实现聚落集体防御功能的要求，介于河谷地带和高山地带之间。该地区的气候环境特征下的建筑顺应山势而建，根据地形的具体情况采用不同的处理方式，主要有爬山、吊脚等方式，同时建筑也通过层层叠叠的退台作为晾晒和室外的活动空间；受地形影响，建筑进深小，开间大，一般为 3 层建筑，建筑的院落主要位于左右两侧；因降水少、温度适中，家家有晾晒空间和采用木质集热墙的挑楼空间；建筑主要采用当地黄泥土混合其他材料作为片石、块石等的黏合剂，形成浅黄色的石砌外观；聚落以公共碉楼为中心，个别建筑自带碉楼，一般高于二层建筑，楼栋之间有过街楼联系；由于用地的限制、聚落防御要求、聚落集体抗寒要求，建筑密度高、街巷窄（图 2-6）。

3. 半高山地带

半高山地区聚落位于聚落竖向分布的最高端，海拔在 2000 ～ 2500m，居住环境恶劣，年均气温低，昼夜温差明显，冬季风速大，所以这一地区的建筑对于保温性能要求很高。这个地区建筑的主要特征是：以黄泥土混合其他材料作为黏合剂，片石、块石等作为建筑材料；整体建筑形体单一、空间相对封闭、没有挑楼，建筑开窗小而且少，主要开向阳一侧，室内光线差；由于采用石砌而成（也有直接采用坑土墙砌筑而成，主要分布在汶川一带如萝卜寨），整个建筑外观显得厚重，同时为了增强建筑保温效果，部分建筑增加了生土层；由于该地区树木少、岩石裸露明显，呈现出灰色背景，这种浅灰的石砌建筑正好与周边环境融为一体，相得益彰，几乎没有违和感，如图 2-7 所示。

2.1.3 水文地质

众所周知，水和耕地是古代乡村聚落和居民生存之本，选择安全可靠的水源和平坦肥沃的耕地，是确保聚落存在和发展的重要因素。四川羌区的河谷地带得益于群山之间河流冲击形成的冲积平原，为聚落的选址和聚落的生存提供了天然的耕地和充足的灌溉水

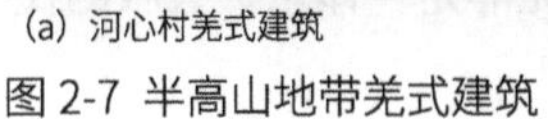

(a) 河心村羌式建筑　(b) 河心村某民居建筑

图 2-7 半高山地带羌式建筑

图 2-8 背山面水的羌式建筑

源[1]。得益于岷江河流带来的土地、水源、交通等方面的优势，在岷江上游地带才能形成大量的传统聚落和民居，才有了今天的著名的阿坝藏羌文化旅游走廊。

位于河谷和山地交接的坡脚的羌寨，多数选址在大的河流和小溪交汇处，小溪环绕羌寨而过，在山水环境影响下，传统的河谷地带羌寨就形成了背山面水的聚落格局（图 2-8）。这样有利于在战争时期，将寨内唯一与外部道路联系的吊桥撤去，大的河流就成了天然的护寨河，而小溪则沿着高峻山谷向内延伸。当有敌人入侵时，寨内的村民就可以沿小溪撤入山里，深刻地体现出利用自然进行防卫的古老意识；在和平时代，聚落内部水系可以有效地调节寨内的温度和净化空气，形成一个局部相对稳定的小气候。

四川地域辽阔，土壤类型丰富，垂直分布明显。大部分地方为紫色土，系侏罗纪、白垩纪紫色砂岩、泥岩风化而成。主要分布于四川盆地内海拔 800m 以下的低山和丘陵上。该土壤内富含钾、磷、钙、镁、铁、锰等元素，土质风化度低，土壤发育浅，肥力高，面积约 16 万 km^2，是四川分布面积最广的土壤之一。受四川地质影响，平原、丘陵主要为水稻土、冲积土、紫色土等，是全省农作物主要产区。高原、山地依海拔高度分别分布不同土壤，其中多数有利于不同作物的生长。

2.2 社会与人文环境影响

羌式建筑风貌受到社会人文环境的影响主要体现在政治与制度、文化与信仰、民族迁移、生产生活方式、地域材料、建筑技术和社会交往与空间环境等方面。羌族的发展史可以看作一部迁移历史，从迁移到定居在某一处，其建筑风貌总是在继承优秀传统建筑风貌的基础上又获得新的发展，是一个不断演变的过程。

2.2.1 政治与制度

在中国几千年的历史发展中，羌族人不断地和其他民族融合，并不断地开拓疆土，发展民族经济、文化和科学技术等。羌族起源于青海河曲、湟水及甘肃大夏河、渭水上游一带的高原地区。西藏、青海、甘肃、陕西、四川西部、云南西部、新疆南部、内蒙古西部和河南西北部等都曾经有羌族人活动过。故通常也被称为西羌。羌族的起源最早可以追溯到传说时代的三皇五帝时期，羌族在历史上活动频繁，对中国历史的发展产生了极大的影响。

羌族的社会制度随着时代的变迁而发生变化，最早为羁縻制度，到中华人民共和国成立前，羌族地区实行土司制度、改土归流。土司制度是元、明、清王

1. 刘虹敏 . 川西北传统羌族聚落景观研究 [D]. 成都：西南交通大学，2016.

图 2-9 河西寨哨硐[1]

(a) 山间的羌族聚落

(b) 桃坪羌寨新寨子

图 2-10 现代羌族聚落

朝在少数民族地区设立的地方政权组织形式和制度。又称为“土官制度”，也是羁縻制度的演化，是由封建王朝中央任命和分封的地方官，“世官、世土、世民”是其重要特点，即世袭的政治统治权——辖区土地的世袭所有权及对附着在土地上的农民的世袭统治权。土司对农奴的主要剥削形式多是劳役地租。农奴除为土司提供繁重的无偿劳役外，还要向土司缴纳或进贡各种实物。因此，它从经济和政治两方面对羌族或其他少数民族实施压迫，土司制度确立后使得羌族聚居的地区很少有像中央王朝的大型金碧辉煌的宫殿式建筑，传统的羌式建筑就更多地体现在民居上，即使有少量的官寨存在，其建筑也无非是“体量扩大版的民居”。

随后，羌族人民进行反压迫斗争。由于土司的势力逐渐强大，与中央王朝的矛盾愈发激烈，威胁到了中央王朝的统治，后来开始推行改土归流。但从很早之前开始，羌族与其他少数民族等的斗争一刻都没有停止过，也正是出于安全防御的要求，羌族的建筑形式和风貌多考虑防御功能，例如建筑群中有高达 12 层的碉楼、洞口尺寸很小，仅有 30cm×30cm 左右的窗户等（图 2-9）。清朝时期，羌族地区实行“里甲制”；辛亥革命以后，羌族地区也逐渐陷入军阀统治，随后国民党在羌族地区的统治得以确立；中华人民共和国成立后，国家对羌族地区投入了许多的人力物力，充分发扬民主，开始在当地推行民主制度，“民主”意识的加强使羌族人民参政议政的意识增强，民主政治制度也给予村民更多的参与权，村民可以对许多事情发表意见和建议，更加有利于羌族村寨的建设和提高羌族人民的生活质量；与此同时，人们与外界联系增强，打破了传统集中、封闭式的聚落格局，受外部文化影响，私人空间意识逐步提升，大量的建筑院落空间出现，在房屋建造中逐步向交通便利的道路靠近，乡村聚落呈线型布局趋势（图 2-10）。

2.2.2 文化与信仰

明清以后，羌族逐步在四川地区形成了相对稳定的生存聚居区，由于受到高山地形地貌和大河流

1. 季富政 . 中国羌族建筑 [M]. 成都：西南交通大学出版社，2000.

(a) 中柱神

(b) 角角神

(c) 火神

图 2-11 羌族的泛神信仰

的阻隔，在稳定人群聚居区里，羌族逐步形成了今天的羌（尔玛）文化区。同时羌族北面靠近回族、东面靠近汉族、西面靠近藏族，民族之间频繁交流，在民族间的交融中，这三个民族不仅影响着羌族人民的生活生产方式，也深刻地影响到他们的文化和信仰。因此，羌族的文化和信仰具有明显的民族融合特征。

1. 宗教信仰

在上古时期，由于生产力水平低下，人们对自然的认识有非常大的局限，无法理解自然的力量，更没有能力与自然作斗争，面对许多自然现象产生恐惧心理。因而，人们把不能理解的事物按照已知的事物面貌想象成神灵或者鬼怪，从而逐渐产生了万物有灵的观念和对自然的崇敬。

羌族为泛神信仰民族，故内外空间无处不是神，各地民居更是供奉多种不同之神（图 2-11）[1]。如汶川羌式民居屋顶常供五神——以白石象征天、地、山、娘娘、老爷。理县是为九神——天、地、开路、山、建筑、祖宗、天门、工艺、地藏，保护诸神。茂县若干神——角角、房顶塔、天、地、林、火、羊、中柱、工匠、妇女、祖先等神。上述仅为一般现象，各地各家信神增减无定，亦有发展。羌式民居建造过程中，释比（许）起着规划师、建筑师的作用。释比经卷中有《巴》、有《若细》段落专门叙述建房，虽然只是一个总则。比如《若细》中唱诵："分村村重村，分城开四方，分房房重房，分屋分罩楼，罩楼分罩圈，罩圈分神位，神位供诸神，神位上面皆白石，家家须供木比塔。"

羌族在高山峡谷的自然环境下，其生存更多依靠自然赋予，使得他们认为万事万物均有神灵支配，把一切都寄托在神灵的保护下，形成了一个泛神信仰的民族。在古代羊作为羌族重要的财富象征，在传统羌式民居中，羌族人民把羊头骨挂在门头，既可以形成装饰也赋予一家人财源滚滚的美好愿望。如今羊角图腾成为羌式建筑最重要的装饰图案。《说文解字》中"羌，西戎牧羊人也，从人，从羊，羊亦声"的说法也恰好印证了羌族羊图腾在民族中的重要意义，它也成为羌族的族徽，至今仍然在羌族聚落建筑中有许多遗存。由此可见，羊图腾是羌族神话传说、远古文化和自然崇拜等融为一体的设计，体现在羌族的建筑、服饰、文化等多个方面。即使是现代羌式建筑或羌族聚落中仍然传承了羊图腾的样式，呈现在许多旅游景点聚落中（图 2-12）。

虽然羌族认为万物有灵，但是羌族祭拜这些神灵普遍是以白石神为象征，白石神在羌族宗教信仰中是

---

1. 凌洋 . 李天昊 . 宋康 . 羌族释比文化略述及其保护思考——以震后汶川、北川等羌族地区为例 [J] . 湖北科技学院学报，2014，（6）：89-93.

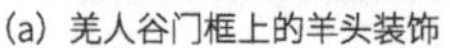
(a) 羌人谷门框上的羊头装饰

(b) 叠溪羌寨羊头装饰门饰

(c) 茂县休溪村建筑中羊头纹装饰

(d) 茂县羌城窗套中的羊头纹装饰

(e) 茂县休溪村窗套中羊头纹装饰

(f) 羌城建筑窗套中羊头纹装饰

(g) 牛尾村建筑墙面上的羊图腾

(h) 白石羌寨建筑墙面羊图腾

(i) 白石羌寨建筑墙面羊图腾

图 2-12 羌式传统建筑中羊图腾

神中之神[1]。羌族对自然界的崇拜从天神、地神、山神、寨神和其他一切自然神祇都没有固定的形象，而是将一切崇敬融入白石的祭祀中。在羌寨中，白石作为神的代表无处不在，羌族人选取洁净的石块，由释比作法进行安置，并在石块上淋洒鸡血、羊血或牛血来代表神灵。安置地方的不同代表不同的神灵，例如，将白石供奉在山上石塔顶，白石就代表天神或寨神；将白石供奉在田间，它就可以代表田神、土地神；将

1. 周锡银，刘志荣 . 羌族 [M]. 北京：民族出版社，1993.

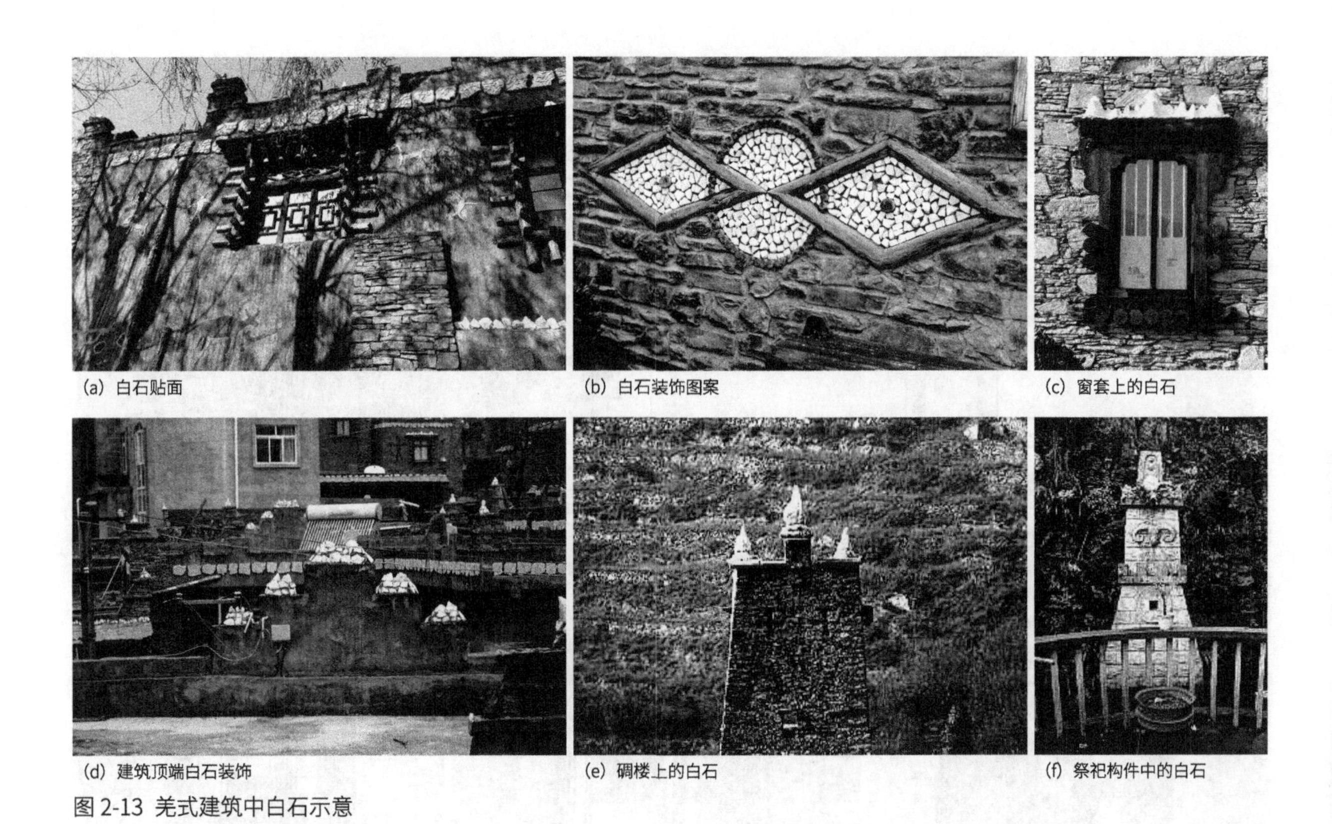
(a) 白石贴面　(b) 白石装饰图案　(c) 窗套上的白石
(d) 建筑顶端白石装饰　(e) 碉楼上的白石　(f) 祭祀构件中的白石
图 2-13 羌式建筑中白石示意

三四块白石并排放置在神龛前，则每块白石分别代表宅神、家神、神仙神、五谷神。白石崇拜观念代表着羌族人民对美好事物、美好人生、农田丰收和山寨兴旺等的憧憬和愿望（图 2-13）。

现代不少传统羌寨中的建筑屋顶都堆砌着白石，使得呆板的平屋顶立面造型丰富起来。如今白石在建筑的装饰中有所扩大，建筑的门部、窗部堆砌着白石，在墙身和檐部利用白石拼接成极富视觉效果的图案。正是因为羌族这种朴实的宗教的信仰，追求事物自然生态观，并不强调绚丽的建筑色彩装饰，而是以建筑材料本色体现，我们才能看到这种犹如自然生成出的地域性民族建筑。

2. 民族融合

羌族自古以来在历史进程中就是一个活动频繁的民族，民族聚落的迁移、制度的改变和多民族聚居、融合等，使得羌族的文化掺杂着许多其他民族文化的特征。现在的羌族主要处在汉、藏、彝民族之间，文化上或多或少地受到影响。例如，四川川西高原地区处在藏传佛教文化圈的影响范围内，加上阿坝藏族羌族自治州是羌（尔玛）文化区和嘉绒文化区的融合地区，整个川西高原都处在藏传佛教文化圈的次生文化圈，川西高原西北部地区却属于藏传佛教核心文化圈的外层。羌族处在藏彝走廊的北端，也受到一定程度的藏传佛教的影响，他们在混合区不断变动领地，进行文化交流，所以在羌族建筑中出现了藏族的装饰元素与符号，主要表现在立面、窗套以及建筑色彩上。

西汉史游的《急就章》中曾提到“师猛虎，石敢当，所不侵，龙未央”，其含义就是指：灵石可以抵挡一切。在中国旧时，石敢当一般立于街巷之中，特别是丁字路口等路冲处被称为凶位的墙上。石碑上刻有“石敢当”或“泰山石敢当”的字，在碑额上还有狮首、虎首等浅浮雕，体现“保平安，驱妖邪”。然而，羌族普遍信仰门神，敬神时在门前烧香蜡纸烛，在大门内一侧设香炉为神位。原无偶像，唐代以后供奉秦琼、尉迟恭、神荼、郁垒画像，明显受汉族信仰影响。明

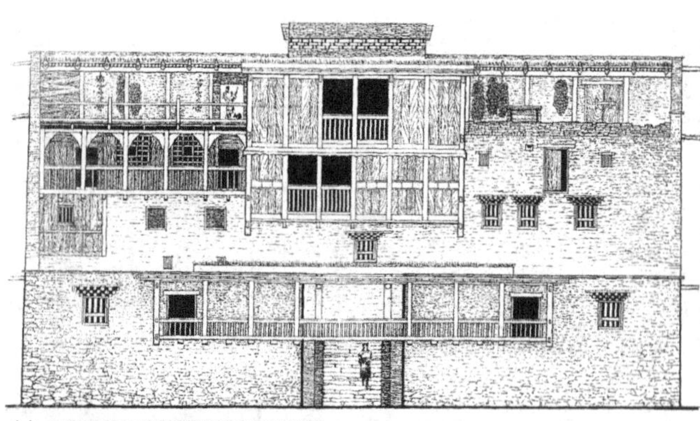

(a) 具有藏族元素的手绘羌族民居建筑

(b) 具有藏族窗套装饰的羌族民居建筑

(c) 羌族民居上类似藏式的窗套

(d) 茂县民居墙面上的太阳图腾

图 2-14 传统羌式建筑中民族融合符号

清时，汉族宗教传入羌区，姜子牙（姜太公）成为羌族信奉的神灵之一，供在门的左侧，这就是“泰山石敢当”。石敢当是羌族民居重要的辟邪神物，作为一种文化符号延续下来。它帮助人们承受各种实际的灾害危险以及虚妄的神怪鬼祟带来的心理压力，克服各种莫名的困惑与恐惧，具有神秘的俗信气息，是羌族的民间习俗（图 2-14）。

羌族聚落中，除了羌族民居门边摆放石敢当外，

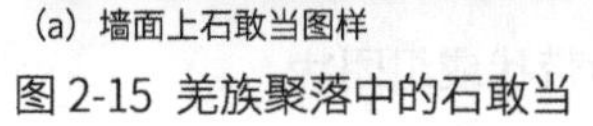
(a) 墙面上石敢当图样

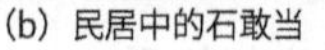
(b) 民居中的石敢当

(c) 羌寨门口石敢当

图 2-15　羌族聚落中的石敢当

在和民居在空间上有联系的碉楼外面也可看见石敢当，而纯粹的碉楼前没有发现此类摆放法。说明羌族视民居内的碉楼为住宅的一部分，同时也透露出羌族人对自己古老建筑的热爱，也说明汉文化在羌区的传播中渐渐融入了羌文化的物化之中。

在靠近汉区的羌寨，极富装饰效果的垂花门也成为羌式建筑入口的重要标识，还有汉式的戏台、祠堂等成为羌族交往和举行活动的重要场所空间（图 2-15）。

2.2.3 羌族聚落营造

自然环境是民族心理形成的基础，是影响民族心理的重要因素。每个民族都有其内心深处的焦虑情绪，羌族的焦虑和恐惧主要来源于自然界的神秘“异己”力量，高山峡谷气候恶劣，一旦出现风云变幻和自然灾害，认知有限的羌族先民无法理解，也无力应对，因此无可奈何地认为世界充满了毁灭的威胁和险恶的因素。羌族万物崇拜的宗教也证明了这种心理的存在。羌族各种复杂的宗教仪式、禁忌以及奇异的风俗，其根源可以说都是为了防范或取悦自然界中的诸神魔。

除了要承受来自神异世界的心理压力外，羌族还面临着来自社会方面的安全威胁，先民的部落群经过数千年的迁徙、发展和分化组合，形成大大小小数十个部落联盟，远古社会经历了长期的小邦时期，据史籍记载，“小邦喜欢征战残杀，俗好复仇”，战乱不息，以至进入农奴制社会，各部族之间仍纷争不断，常因为土地、人口、牲畜等纠纷发生械斗、仇杀事件。此外，羌族各宗教派别之间相互倾轧，斗争亦十分激烈。在如此动荡的社会环境中，羌族形成了独特的防御文化。

不论是对自然神灵的惶恐，还是对动荡乱世的戒备，经由漫长的历史变迁都积淀成为羌族的集体潜意识，一种持久的防卫心理，因此在他们的居住环境的营建活动中表现出了对于安全和领域感的强烈需求。这种深层文化心理的形成与固结非一日之功，它由长期沉积下来的民族记忆以及族群适应生存环境的历史经验构成，本质上是由羌族所在的生态环境和社会环境所决定的，为其在特定的生存条件下提供了生存发展的一种适当保证。

羌族在长期的迁移历史生活中，在面临战争不断的动乱社会环境背景下，历代都十分重视对外防御的要求，所以羌族在聚落营造和建筑建造中都十分重视集体防御。羌族传统的聚落防御文化主要体现在以下几个方面：

在聚落选址方面，尽管河谷地区有充足的水源和耕地，更具有聚落生存和发展的条件，但是羌族早期的聚落营造中出于安全性的考虑，普遍是选择在半山

(a) 背山面水的羌寨格局

(b) 窄街巷空间

(c) 水系绕寨内

(d) 羌寨碉楼

图 2-16 防御文化下聚落和建筑特色示意

和高山地区，总体上形成一个背山面水的空间格局，确保了聚落易守难攻（图 2-16a）[1]。但随着社会水平的发展和对生活质量需求的追求，羌寨逐渐向河谷滩地与山坡交接的坡脚和山间台地与坡地交接的边缘迁移。众所周知中，水是生存之本，岷江上游虽然溪涧之中常年流水潺潺，但由于地势陡峭，两岸山地因引水困难而常年缺水，许多旱地的灌溉只能仰赖大自然。因此，是否有安全可靠的水源，对于村寨的存在和发展具有极为重要的意义。所以，羌寨选址大多遵循“大水避、小水亲”的原则，避开大江、大河、大沟以防自然灾害，而选择水源、水质较好流量稳定的中小溪流，以保证用水的充足。

在聚落内部方面，整个聚落建筑形成一个高密度、窄街巷空间，在聚落建筑竖向联系上又通过过街楼和屋顶交通空间进行连接，对于不了解的外人来说简直就是一个迷宫，增强了聚落内部的防御作用。这种因为防御要求形成的窄街巷，由于门与门对开，也是人们行走的必要通道，所以把人流集中在了小小的街巷中，在无意识中却增强了人与人间的交流，成为重要的交流空间（图 2-16b）。同时，羌族传统聚落的形成与发展多以碉楼或街巷为发展中心，逐步向周围生长蔓延。一般比较规整紧凑，平面形状呈现团块状，是聚落初期形成的一种常见形态。但随着生产生活发展，建设用地不断扩张，聚落顺应地形、河流和社会生产等的不同而逐渐生长为带状或组团状。

羌族人将高山的小溪水引入寨内，可以有效地保证寨内人群用水的安全，同时当敌人进入寨内时，也可以顺着溪水逆行而上，进入植被茂密的森林中，体现了古老的防御意识（图 2-16c）。

在建筑方面，石砌的墙体和小的窗口可以在外部攻击下有效保证建筑内部人员的安全，同时内部人员却可以利用小的窗口抵御外敌。特别是碉楼（分成公共碉楼和民居碉楼两种）在聚落防御上，起着重要的作用，碉楼既是平时观察敌情的前沿哨所，也是战争时期最后对外防御的场所（图 2-16d）。

2.2.4 生产生活方式

在远古时期，古羌族人民一直过着逐草而居的游牧生活，随着民族迁移和发展，羌族人民逐渐开始定居生活，采用农耕的生产方式，形成以农业为主、畜牧业为辅的生活。

羌族定居岷江上游后，逐渐由畜牧业经济转变为农牧业经济。羌族在 20 世纪 50 年代之前为半牧半农经济，牧业的迁徙生活以及定居后生产力水平的缓慢增长，决定了羌族地区的传统民居始终处于比较低级的形态，建筑也表现为对恶劣自然环境的被动适应，采用的也是实用主义的建筑观。

1. 季富政 . 中国羌族建筑 [M]. 成都：西南交通大学出版社，2000.

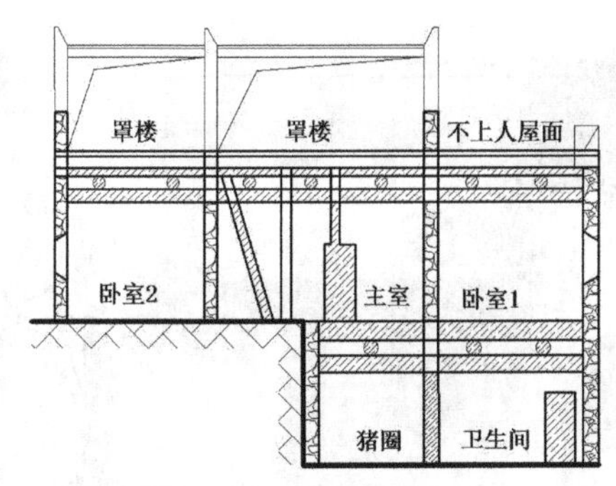

图 2-17　羌族传统三层竖向空间剖面示意图

羌族民居对生产方式表现的适应性，也表现为建筑的实用性。在高山林地建房受地形的制约，房屋几乎没有院落。为了在有限的空间内将所需要的各种功能一并到位，羌族传统民居的竖向空间依次为牲畜空间—人的居住空间—食物储存空间，达到空间高度整合，通常是典型的三层式布局，底层为牲畜的空间，二层为居住空间，三层为存储和晾晒空间（图 2-17）。特别是通过竖向退台有效弥补了缺少平面的院落空间，通过挑楼不但延伸室内面积，同时用于挑楼安全维护的木质集热墙极富装饰性。退台和挑楼这两者的组合极大地丰富了建筑立面造型，而且利用地形，留出有限的平地供日常活动。在建筑竖向空间上实现了人畜分离，也逐步地有了相对围合的私人院落空间。在新时期下，随着羌区经济的快速发展，与外面的接触也越来越广，先进建筑技术和现代化生活的进入，也逐步地影响到了建筑的风貌。众多的文献记载说明，实用是史前建筑的最高追求，而人们对这种追求，一直延续至今。

2.2.5 地域材料

建筑形成具有使用功能的空间，必然需要凭借一定的物质材料在自然中围合而成，所以建筑风貌受到地域性的材料影响较大，地域和民族建筑就是依靠这种具有独特的表皮材料才彰显出具有识别性的地域特色。地域材料是由当地的地质构造和气候环境所决定的，四川羌族地区多山地河谷和独特的气候条件，孕育出了丰富的森林资源，传统的羌式建筑在长期的建筑材料开发利用中，逐步形成了石砌、坑土、木质穿斗的地域性建筑材料[1]。四川羌区传统羌式建筑大量使用当地丰富的地域性材料，由于四川羌区地貌陡峭，地表岩石破碎、土壤流失严重，裸露地形成了丰富的片石、毛石等建筑材料，成为羌式建筑外部主要的肌理， 同时加上当时低下的社会生产力，采用地域性的天然材料作为建筑用材可以有效地节约人力和物力，所以四川羌族传统的建筑才能够通过地域性的材料与周边的自然环境和谐统一。

羌族民居建筑中石材、木头、黏土等是最常用的材料，其中石块为主要的建筑材料，木头做以搭配，黏土为黏结剂，但有些建筑选取适当尺寸的石块，利用石块自身的重力和承载力相互作用搭接形成一个整体，也成为羌式建筑的一大特色。在外观上，建筑形成“干打垒式”的形态；在结构上，羌式建筑虽然不同于传统汉式建筑或现代建筑的构造与用材，但依然满足建筑学当中的力学原理。羌式建筑中石块除了用作砌筑材料，还作为装饰材料得到广泛的运用。最为醒目的当为具有宗教意义的白石，经过加工打磨更加显得精致神圣；另外，建筑外墙还采用毛石进行贴面处理，绘制羌族传统风格的图案，使得建筑在面积尺度和空间视觉上都更加具有历史和民族的厚重感（图 2-18）。

羌式建筑中对木材的运用更加灵活。例如在建筑窗套上，使用木头制成并加以雕刻加工，使建筑更加具有民族特征；在传统的碉楼中，木头还运用在窗户中间，典型的有斗窗设计，窗洞口尺寸很小，古时主要用于防御要求使用，中间就以圆木做支撑；除此之外，木头还用于建筑的细部构造和装饰中，形成独特的建筑风貌。

例如，从图 2-19[2] 中可以看出，石材与木材成为典型传统羌式建筑表皮材料的最佳组合，在建筑墙体

1. 安玉源 . 传统聚落的演变·聚落传统的传承 [D]. 北京：清华大学，2004.
2. 再等一天，7 月的四川将成中国最美的地方！ [EB/OL]. [2020/5/20]. https://www.sohu.com/a/100918952_343267.

（a）茂县羌城羌族建筑

（b）坪头羌寨羌族建筑

图 2-18 石块与木材结合的羌式建筑

（a）石材的浅灰色肌理

（b）木材及夯土的暗黄色肌理

图 2-19 地域材料影响下的表皮肌理和色彩

上采用石材砌筑而成，而建筑的细部上如挑楼的木质集热墙、窗部的木质花窗、入口的垂花门等，均是采用木材，通过这些微小的细部木质装饰，为呆板、厚重的石砌建筑增强了灵动性。从灾后统一规划重建的羌寨建筑风貌来看，建筑表皮的材料虽然被其他材料所替代，但是仍然继承了石砌墙面作为主要的表皮肌理；生土作为建筑外部材料，能够大量的就地取材，使得建筑具有独特的自我识别性，增强了建筑的地域性。生土作为新建筑墙体如今在羌区很难发现，但是生土形成的肌理和色彩同样在建筑表皮的装饰中得以继承下来；在以石砌建筑形成的传统聚落中石材也广泛运用于聚落内部的景观里，如街巷的石铺垫、逐级而上的石台阶以及具有对美好生活象征意义的白石、石制的石敢当等，它们与石砌建筑共同构成了地域标识。

2.2.6 建筑技术

四川羌族聚居区是我国地震多发地带之一，古代的羌族人民在复杂地形地貌中通过长期的总结形成了一套极为宝贵的建筑文化遗产来适应地震防烈度较高的羌区。

1. 建筑空间技术

在建筑平面上，传统的羌式建筑通常是以方形作为基本的建筑平面形态，方形平面的建筑立体保证了建筑在水平受力时，建筑的结构体系变形受力将更加均匀，从而在地震中有效地提高建筑的生存几率。

在建筑立面上，羌族先民设计出了具有独特的构造抗震方式，例如外部墙体使用抗震性能高于木材的石头砌筑而成，在挑楼部位则采用木头出挑承重，确保了整体建筑的稳定性，墙体立面也使用“收分”（墙体转角处从下向上逐步减小形成锥形体）、“鱼脊背”(和现代建筑技术中砌体结构的壁柱相当)、“布筋”（和现代建筑技术中砌体结构的圈梁相当）等抗震技术，有效地提升了传统羌式建筑的抗震能力[1]。

在建筑空间上，利用山崖、坡地，充分适应外界环境。保护有限的耕地，在山坡上筑巢而居。采用本土石材，做吊脚处理，将地形空间和建筑完美结合，实现了既不破坏地形，又能修建具有特色的建筑，充分体现了对自然的尊重和对生态的保护。同时，也减少了土方开挖，节省了人力物力。并且，利用多层次的院落和自然形成的多台屋顶增添了建筑的使用空间和功能，形成了良好的建筑风貌。

2. 建筑形体与抗震

羌式建筑中碉楼的设计采用了锥形的建筑形态，下宽顶窄的建筑外形，墙体收分降低建筑重心，减轻建筑上部的自重，增强建筑基础的稳定性，使得建筑整体抗倾覆能力强；另一方面，内墙上部在每层建筑两侧墙体密集的木梁支撑，用来传递水平推力，通过密梁抵抗墙体上部的重力内倾而不易向外坍塌（图 2-20）。

羌式建筑物的地基一般设在卵石层及其以下，基槽的深度一般会超过 2m，而宽度一般大于 1m。若是较高的建筑物，底层墙体的厚度都会超过半米，

图 2-20 羌族碉楼设计

顶层的墙体也可以达到 25cm 左右的厚度。内墙通常是直接和地面垂直，而外墙则是成一定角度和地面倾斜相交，这和现代抗震设计规范中的一些要求不谋而合[2]。

3. 建筑节能

羌式建筑地处山区或河谷地带，建造采用就地的石材，石块厚度均在 40cm 以上，属于厚重形围护结构。这种石材墙体更加有助于恒定室内温度，传热量和热损失较少，起到很好的保温隔热的效果；同时，夯土或黄土砌筑的墙体具有可再生、可降解的性能，更加优化建筑材料；墙体的吸湿放湿特性也非常良好，能够保持室内稳定的湿度范围，墙体形成可呼吸状态；建筑屋顶多采用覆土，内有植物纤维保温，中间的微小孔隙充当空气间层有效减少热量散失，起到保温蓄热的作用（图 2-21）。

羌式民居建筑中，层高多为 2.3 ～ 2.5m，建筑高度更加有利于防风和降低体形系数，达到节能的效果。另外，羌式建筑多采用非平衡式围护结构，民居的北向和东西向厚度和保温层采取蓄热系数大的材

1. 杨宏烈 . 历史文化名城建筑风貌特色的传承与创新 [J]. 中国名城 ,2011(02):34-41.
2. 罗曦海尔 , 罗徕 . 羌族建筑的材料运用及启示 [J]. 文艺争鸣 .2013:158—160.

（a）白石羌寨某院落民居

（b）白石羌寨某民居院落

图 2-21 院落空间

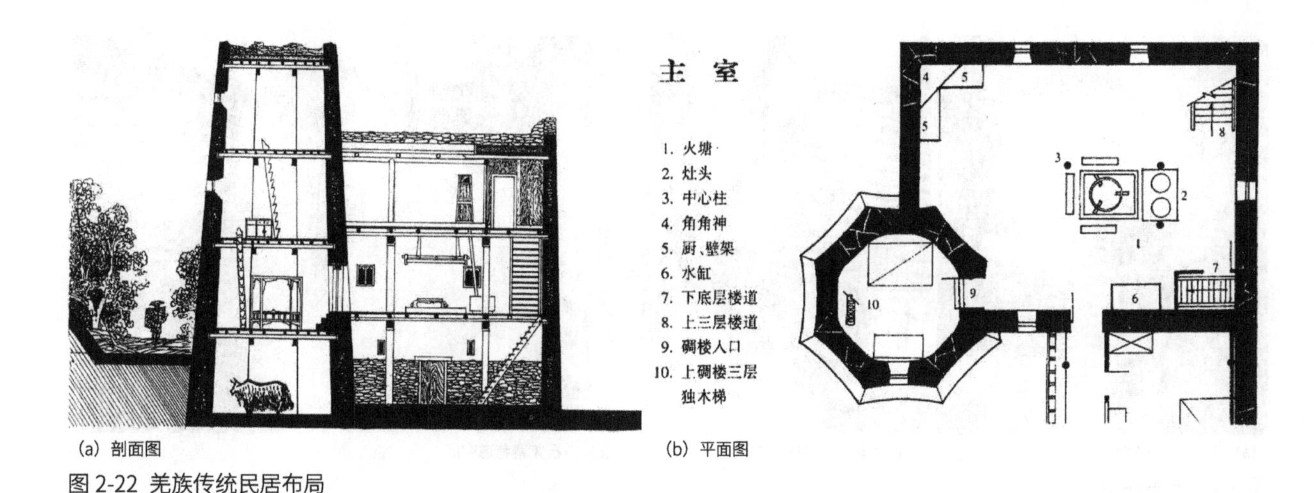

(a) 剖面图　(b) 平面图

图 2-22 羌族传统民居布局

料；南向墙体薄；北向不开窗或开小窗，南向开大窗。二层平面呈凹形，中间敞间尽量开敞，以获得更大的日照面积。敞开的外廊加玻璃形成阳光间，或者挂木板窗，形成实木盲窗，成为集热墙，也可以起着类似被动式太阳房的作用，白天吸热，晚上向室内放热。

2.2.7 社会交往与空间环境

羌族聚落由于受地形的影响和限制，呈现块状分布，传统聚落之间联系较少，社会交往较为单一。改革开放以来，国家更加重视对民族传统村落的发展与保护，随着社会经济发展，羌族传统聚落与外界联系加强，增进了民族交流和文化的保护与传承。

1. 院落空间

羌族传统聚落中，建筑布局灵活多变，因为与外界联系薄弱，而内部联系非常紧密。家家户户建筑相互依偎，在不同层次上相互围合、共享院落，体现了自古以来经历许多战争后羌族人民依旧团结坚韧的精神。同时，羌式建筑的多台屋顶使院落空间形成一个不断延展、变化的形态。院落顺应地形环境，打破传统的方形规整布局，在垂直方向上沿坡地相互叠加、贯通，水平界面上开合有度、收放有致，使聚落整体空间更加具有流动性和灵活性。

2. 平面布局

除了建筑院落外，建筑空间布局也充分体现了羌族的民族特色。羌族民居主室以火塘为中心，火塘是用石材或木材镶制成的四方形，向内放置一个三脚架，右上方一角系一个小铁环，形成火神的神位，是羌族民居的核心空间，其他房间布置围绕火塘设置，体现了羌族人民对神明的敬仰与生活密切联系。民居建筑通常是羌碉与主室相结合的形式，采用延伸或叠加的方式，底层圈养牲畜，中间为居住，屋顶设置为开放式的平台和罩楼，整体布局变化多样，更具实用性（图 2-22）[1]。

3. 聚落空间

羌族聚落中以道路为纽带将整个聚落的建筑院落连接起来，以大寨子为中心，其他寨子民居院落围绕主寨向外分散延展。羌族地区地形复杂，建筑依沟壑、平地建造，选址局限性较大，因而聚落中建筑密度较大。街巷空间依道路向两边分布，宽窄开合不断错落变化，适应地形走向高低错落，形成立体的街巷空间（图 2-23，图 2-24）。

1. 季富政 . 中国羌族建筑 [M]. 成都：西南交通大学出版社，2000.

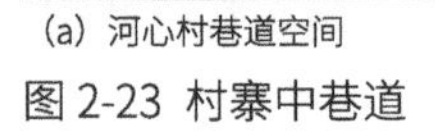

(a) 河心村巷道空间

(b) 龙溪羌人谷巷道空间

(c) 白石羌寨巷道空间

图 2-23 村寨中巷道

(b) 茂县围城村落

(c) 黑虎羌寨

图 2-24 羌族聚落空间

第3章

羌式建筑风貌的模式语言

亚历山大在其著作《建筑模式语言》中提到“模式有巨大的力量和足够的深度。它们有能力创造一个几乎无穷的变化，它们是如此的深入，如此的普遍，以至可以以成千上万种不同的方式结合，达到了这样的程度，即当我们漫步巴黎时，我们多半被这种变化所淹没。存在着一些深层不变的模式，隐于巨大的变化之后，并产生了巨大变化，这一事实真令人震惊”。以及他对空间模式的解读为“每个地方的特征是由不断发生在那里的事件模式所赋予的，这些事件模式总是同空间中一定的几何形式相连接，这些空间模式是构成建筑和城市的原子和分子[1]”。因此，建筑模式语言研究在今后城市规划发展、建筑建造设计中都具有重要的作用和地位，而建筑风貌是体现传统民族建筑的重要途径和表现形式。

根据亚历山大对于建筑模式语言理论中的城镇、建筑、构造三个方面研究场景的模式，那么羌式建筑模式的研究，应该从宏观、中观、微观三个层次对原生型建筑进行剖析（图 3-1）[2]。

羌族的传统建筑是在长期的自然环境和历史环境共同影响下，形成的适合羌族人民生产生活所需的原型建筑形式，故而把这一类建筑归纳为“羌式”建筑。同时将羌式建筑中的反映民族性的建筑符号要素的具体使用方式和使用部位，利用模式语言理论，把其建筑风貌组成要素按原型的组合归纳成为一种模式，即为羌式建筑风貌的模式语言。

3.1 聚落空间模式语言

羌式建筑风貌的形成是自然环境和人文环境共同影响下的时代产物。面对恶劣的自然条件，传统羌式建筑的营造表现出极强的地域环境适应性；在中华人民共和国成立前为了聚落的安全，无论是聚落选址、聚落景观，还是实体建筑都考虑到防御的要求，因此防御性的碉楼成了羌族聚落的标志性建筑；在有限的建筑用地下，羌族人民巧妙地通过竖向延续获取生存空间；在建筑的立面上，将具有象征美好愿望的图腾纹样——白石用于装饰建筑中。在对羌式建筑风貌模式语言系统的构成研究中，以建筑模式语言理论为指导性，选取要素时既要有传统的，也要包括当代需要，坚持从宏观—中观—微观出发，更多地从人性的角度，强调公众的参与构建风貌语言体系，在构建体系的具体方法中针对不同级别的模式采用不同的提取方法，

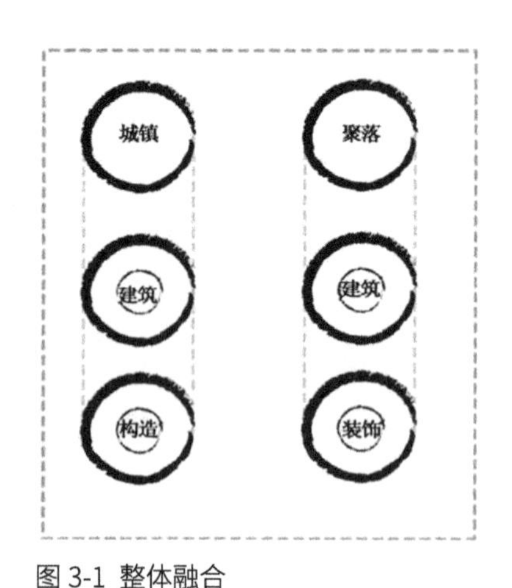

图 3-1 整体融合

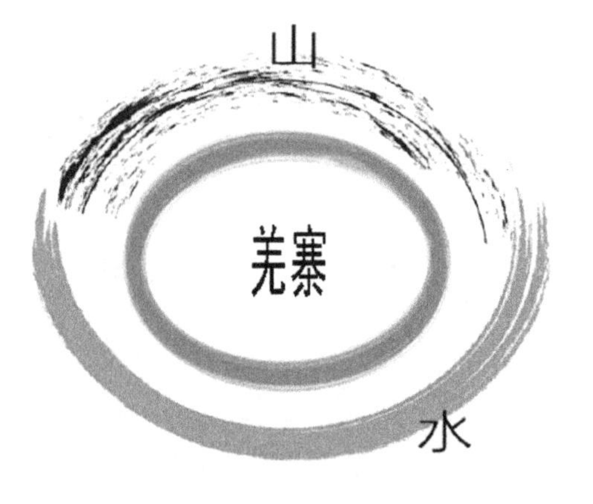

图 3-2 羌寨“山水环抱”的格局

1. 陈洁 . 解析亚历山大《建筑模式语言》中的空间研究 [D]. 北京：清华大学，2007.
2. 罗奇业 . 羌式建筑风貌的模式语言解析及传承 [D]. 绵阳：西南科技大学，2018.

图 3-3 高低错落的羌寨天际线

最终形成原型羌式建筑风貌的模式语言。总之羌式建筑在历史的发展中，在继承传统风貌的基础上不断发展着新的风貌，表现出了极强的时代适应性，展现了强大的建筑生命力（图 3-2）。

羌寨风貌是构成羌式建筑风貌的大环境，而羌寨风貌的特色主要通过聚落的空间格局、聚落空间的天际线、聚落空间的形态展现。

3.1.1 聚落空间格局

传统的羌寨无论是河谷地带、半山地带，还是高半山地带一般都位于高山峡谷河流两侧相对平缓的台地，随着由动乱的社会环境向稳定的社会环境转变，羌族的聚落也逐步选址在沿河谷平地和河谷与山地过渡的坡脚边缘。依靠选址位置中的山和水，传统羌寨形成了一个依山傍水的空间格局。

由于受到羌寨选址依山傍水的格局影响，使得靠近河谷的传统羌寨具有十分明显的空间边界，聚落的规模在一定范围内受到限制，一是以山地地形坡度较大的等高线为界线，二是以河流为边界线，作为聚落形态扩张的边界。

通过对羌寨选址的演变和规模的分析，羌族聚落的空间格局逐步演变为在依山傍水的大自然格局背景下形成了山水环抱的空间格局，从而成为一个相对独立聚落的终极规模的边界线。

3.1.2 聚落空间天际线

在西方的城市规划理念中，若将城市看作是一个人的皮肤，则天际线就是服饰包装。因而，天际线被赋予了美学的内涵，展现的是如海市蜃楼般无与伦比的美。

在中国传统的城市规划思想中，突出城市的中心区、政治、经济、文化等方面以及它们的服务范围。因而，城市中最繁华的地带和最精美的建筑几乎都汇集在城市的中轴线上。郊区——城市天际线的边缘地带，一般是被忽视的部位。而城市的营造目的，是创造一个和谐的人类生产、生活、休憩的空间，城市的轮廓线是人类城市建设成果最为表象的体现，应该更好地结合当地地域特点及文化优势打造独具特色的城市空间。

与现代城市空间营造出的天际线不同，羌族传统聚落的空间天际线的形成和特点更加鲜明和独具特色（图 3-3）。

羌寨的天际线依托单体建筑形体的局部凹凸变化，结合羌寨中的碉楼，在具有等高线差异的山地上和山体背景下形成了一个与周围环境和谐的高低错落的天际线。例如，从老的桃平羌寨建筑依山就势布局看，具有 4 ～ 5 个明显的等高线差异，加上每个地区地形的等高差异不同，很难对羌寨空间的天际线做出高度分析，将具有坡度的羌寨统一放置在标高为 ±0.00m 的地形下进行分析，这里以具有代表性的阿

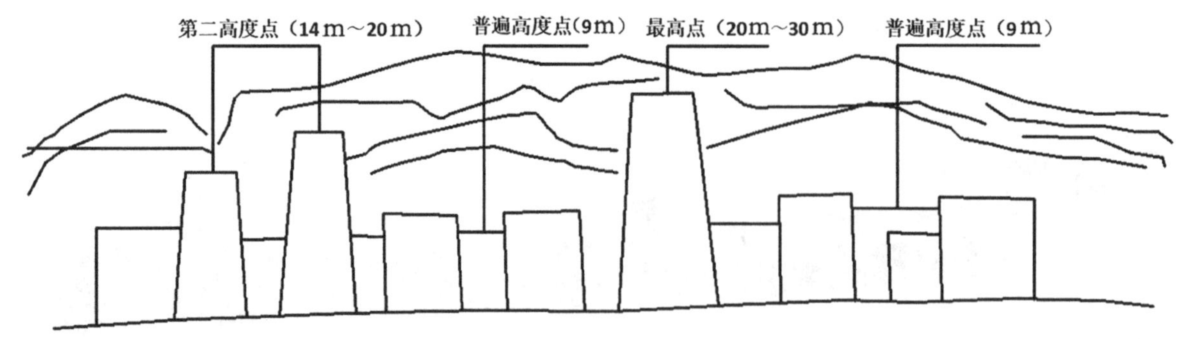

图 3-4 羌寨空间高度示意

坝羌寨为例。

传统的羌式建筑一般为三层，以传统层高一般在 2.8m 左右推算，羌寨的一般民居建筑总体高度在 8.4m，带有碉楼的石砌民居（这里的碉楼指私人碉楼），一般该类型的碉楼至少高于民居建筑 2 层，那么带碉楼的石砌民居总体高度至少在 14m，而公共碉楼高度一般在 20 ～ 30m。

由于新时期下的羌族聚落中的建筑层高在 3m，那么据此，羌寨空间的天际线分成了三个天际点，一是以公共碉楼 20 ～ 30m 为最高点，二是以带碉楼的石砌民居高度至少在 14m 为第二个高度点，三是以一般民居建筑高度 9m 为第三个高度点。

3.1.3 聚落空间形态

传统羌寨为了适应所在地区的自然环境和社会环境，对其聚落进行有目的性的开发利用，顺应自然从而创造出了相应的聚落空间形态。根据传统羌寨中心性特点，可以将羌寨空间形态分成[1]。

1. 以点（碉楼）为中心的空间组合布局

碉楼作为传统羌寨重要防御的建筑，所以建筑以碉楼为中心布局，建筑逐步向周围“生长”，形成组团，当一个碉楼为中心的组团扩展到一定规模时，碉楼的向心作用也就越来越弱，为了确保聚落的防御能力，聚落空间就需要增加其他碉楼，从而又形成一个组团，这就是聚落空间一般是由多个碉楼组成的原因，最终聚落空间形成了以碉楼为中心的空间形态。

在历史上碉楼作为防御功能的建筑，在羌族人民心中留下深刻的印象，成为羌族人民人身安全的依托。同时因为碉楼高耸的造型以及位于村寨中心的位置，人们在建造居民建筑时考虑与碉楼的距离及进入碉楼的时间，以此为依据，以居民相互顾盼为准则，形成聚落整体的空间形态（图 3-4）。

2. 以线为中心的空间组合布局

传统羌寨的线主要是由水系和街巷构成，在传统的聚落空间布局中，羌族人民以线为聚落空间展开。无论是有意识地事先确定出水系和街巷的线空间，然后建筑以此为中心逐步向周围“生长”，形成建筑组团；还是有意识地将建筑组合布局形成街巷空间，最终在平面形态上呈现的都是以线为中心向周围“生长”的聚落空间形态。

3. 以点和线复合为中心的空间组合布局

传统聚落空间中的碉楼、水系、窄街巷均具有

1. 罗奇业 . 羌式建筑风貌的模式语言解析及传承 [D]. 绵阳 : 西南科技大学，2018.

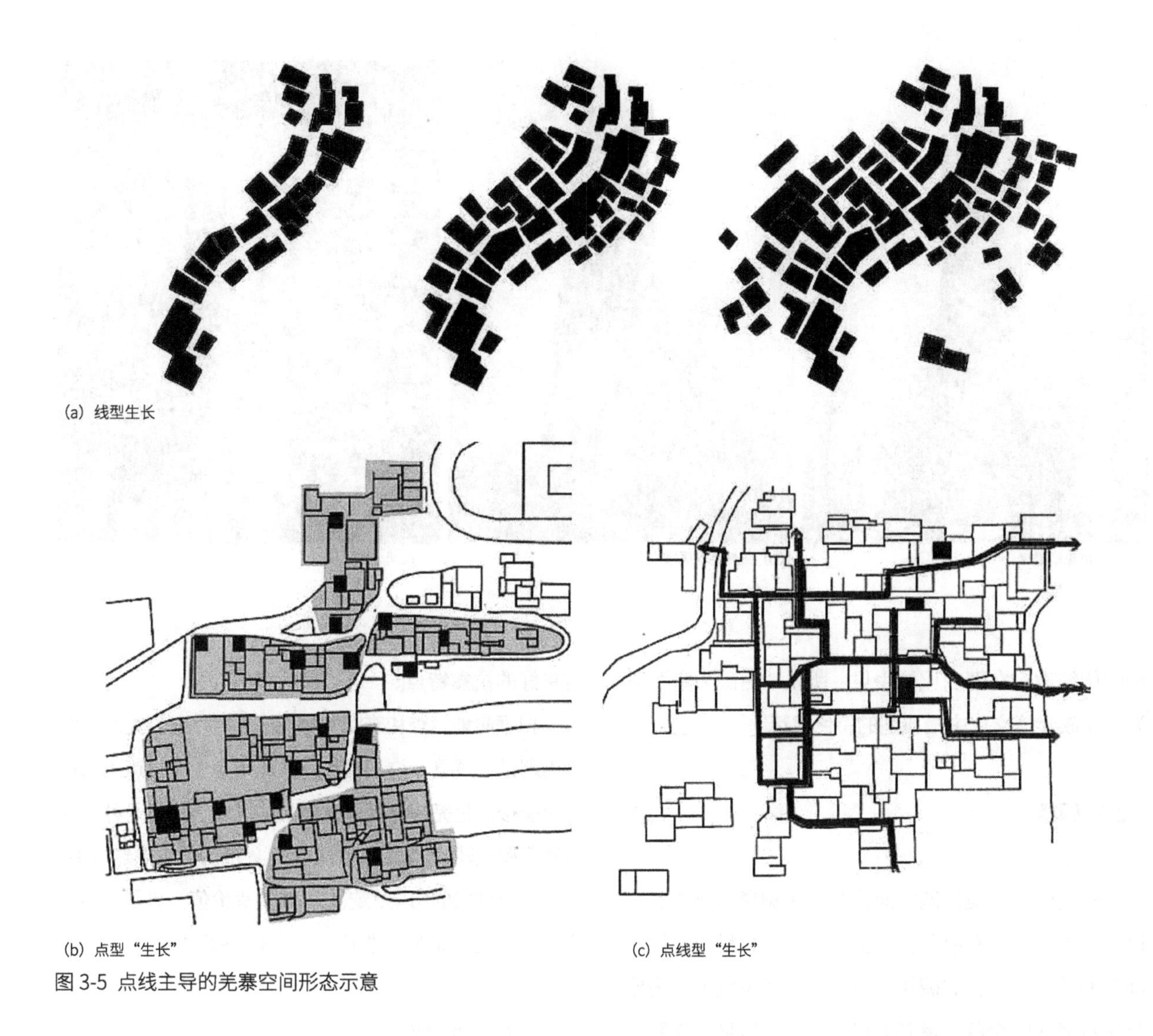

（a）线型生长

（b）点型“生长”

（c）点线型“生长”

图 3-5 点线主导的羌寨空间形态示意

防御功能，在一个相对完整、规模较大的羌寨中以上述中的一种为中心进行聚落空间展开，是很不现实的，通常是以两种形式组合进行聚落空间布局。因为以碉楼进行聚落空间布局，在聚落中将形成一个庞大的碉楼群，在当时财力和物力上是不现实的，同时以单一的水系和街巷组织空间布局也很难进行聚落的防御。

从平面的聚落空间关系看，羌寨呈现出一种“点线面”关系的特点[1]。“点”的关系基本由碉楼、建筑组团形成的院落所确定，以碉楼为点核心，形成聚落空间标志；“线”的关系以街道和水系所确定，以街道为“主要的线”，形成聚落基本的空间骨架；在街道两侧的建筑群体组合和面积较大的文化广场形成聚落空间的“面”（图 3-5）。

3.2 建筑类型模式语言

羌式建筑的风貌根据建筑的材料和使用功能主要分成碉楼、石砌建筑、碉楼建筑、夯土建筑、穿斗夹板建筑、过街楼等。由于相对集中，并且大规模以石

1. 林冰凌 . 羌风商业步行街探析 [D]. 成都：西南交通大学，2013.

（a）吉娜羌寨碉楼

（b）维城羌寨碉楼

（c）河心村碉楼

图 3-6 碉楼

砌的传统建筑在国内比较少见，所以“石砌为室”成为了羌族建筑文化中最典型的特色建筑。

3.2.1 碉楼

碉楼因造型类似碉堡而得名，从碉楼的材质看，以石材为主，也有部分生土材料，生土材料的碉楼高度普遍低于石材类的碉楼，但是它仍然是以生土为建筑材料形成的聚落中最高的建筑物。碉楼是羌族聚落重要的防御性建筑，尽管如今碉楼早已失去了其防御功能，但是它成为羌族人民重要的民族心理寄托的象征标志。同时碉楼因高拔的造型、独特的材料肌理和色彩特色，使其成为羌族聚落空间的标志性元素，是塑造羌族聚落空间景观的不可缺少的元素。

碉楼建造多与民居相结合，形成高低错落的空间形态，有单独存在的碉楼多为公共性质建筑；高度大约在 30m 以下，形态多样，平面上有四角形、六角形、八角形，内部为圆形、方形、六边形、八边形等；整体呈锥形，上窄下宽，更加适宜四川的地形，同时具有良好的抗震特点。

根据实地调查和查阅文献，四川阿坝藏族羌族自治州内理县、茂县、汶川县和马尔康市等十个县市内都现存有碉楼，是羌族碉楼最为聚集的区域。作为一种极为特殊的民族建筑，它在中国乃至世界范围的本土建筑中，具有不可替代的历史、艺术、建筑等价值，毋庸置疑，它成为羌族象征性的建筑物（图 3-6 ～图 3-8）。

1. 黑虎寨碉楼

黑虎寨位于茂县西北的群山之中，古时称“黑猫寨”，汉代仅是一支小部落，“依山居止，垒石为室”，以狩猎为生。唐代以后，农牧并举。因为山石为典型的石灰岩山体，四周均为悬崖断壁，民间传说有蝎虎溜（壁虎）成精为害乡邻，故称黑虎寨。黑虎寨羌族人民与其他族系少有往来，居占悬崖峭壁，常与来犯强争，并多次击败敌人的攻击。唐代中期，吐蕃常扰，筑起了“邛笼”即今天的石砌建筑，以土酋为中心。到了明朝，民族争斗日益加剧，碉楼林立于河东与河西（图 3-9）[1]。

1. 川西建筑风格探讨—川西邛笼建筑 _ 远景设计研究院 _ 新浪博客 [EB/OL]. [2020/5/20]. http://blog.sina.com.cn/s/blog_53e5dc2301018h0r.html.

图 3-7 黑虎寨碉楼

图 3-8 相连通的碉楼与民居

图 3-9 黑虎寨羌族碉楼

图 3-10 震前布瓦寨碉群

图 3-11 夯土碉楼的加固

图 3-12 夯土碉楼与民居

至今古寨中保存着高高雄立的 11 座羌碉，多为四角碉、六角碉或八角碉，虽然有个别碉楼倒塌剩下一半残骸，但它仍保持了当年风烟滚滚的御敌气势。黑虎寨碉楼都在底层，第二层或三层有门，与居民居住的建筑相连通，形成碉楼民居。砌筑工艺精湛，碉楼较高可以达到 30m 左右。每家每户碉楼民居高矮、造型、选址、布局以及开窗等都各不一样，由此形成黑虎羌寨空间高低错落，整体十分壮观。近年来，黑虎寨以其古朴的民族风情及保存完整的古建筑，受到中外民族史学研究人员和众多旅游者的青睐。

2. 布瓦寨碉楼

布瓦寨位于杂谷脑河与岷江交汇处北面的高半山上，寨中碉楼特别之处在于碉楼为土夯碉楼，虽是土夯碉楼，但建造甚比石砌碉楼，技艺精湛。布瓦寨周围石材较少，因而出现夯土碉楼，居民的居住建筑也与碉楼一样采用夯土建造。布瓦寨最早存有碉楼 48 座，其中石砌碉楼 12 座，土夯碉楼 36 座，都为清代建造。而现在土夯碉楼仅存 3 座，碉楼基础深至 5～6m，用石材砌筑，土质填缝，地面以上 10cm 或 5m 左右开始使用夯筑土墙。碉楼顶端墙外四周做披檐，防止雨水淋到墙体。顶端装饰讲究，四角悬挂风铃，并且巧妙运用斗栱，使碉楼别具特色（图 3-10～图 3-13）[1]。

3. 桃坪羌寨碉楼

桃坪羌寨，羌语“契子”，位于理县杂谷脑河畔桃坪乡，岷江支流杂谷脑河自村而过，是国家级重点

1. 威州镇 [四川省汶川县]_ 概述 _ 历史 _ 人文 - 头条百科 [EB/OL]. [2020/5/20]. https://www.baike.com/wiki/%E5%A8%81%E5%B7%9E%E9%95%87/4391599?view_id=3baju0iwx1c000.

图 3-13 大禹像

（a）桃坪羌寨景区寨门

（b）羌族人民、碉楼、羊头与白石雕像

（c）碉楼与石砌建筑相结合

（d）羌式建筑风格的游客中心

图 3-14 桃坪羌寨景区

文物保护单位。约公元前 2100 年，羌人大禹继任部落首领，大禹为天下子民的安生，告别家乡，开始了慢慢治水之路，善于治水的大禹疏通了九河，治理了水患，战绩赫赫造福子民，因而有了流传至今的大禹“三过家门而不入”的美传（图 3-14）。

桃坪羌寨以碉楼著称，是世界上保存最完整的尚有人居住的碉楼，与民居融为一体的建筑群，享有“天然空调”美名。其完善的地下水网、四通八达的通道和碉楼合一的迷宫式建筑艺术，被中外学者誉为“羌式建筑艺术活化石”“神秘的东方古堡”。碉楼从数米到数十米高高低低耸立在村寨内，气势恢宏。碉楼形式有四角碉、六角碉或八角碉，建筑材料以土、石、木和麻筋为主。建造时没有现代的科学技术，没有绘图、测算、吊线等，仅凭工匠们信手砌成，碉楼结构匀称，棱角突兀，精巧别致，坚固挺拔，令人叹为观止，即使经历了无数次的地震及时间的历练，依然保存完好。因此，也吸引了无数的游客和学者前来观光、考察。

碉楼是整个寨子的标志性建筑，现仅存两座，一座是陈仕明家的住宅，另一座雄踞在寨子对面的河岸上。碉楼分为 9 层，高 30m 左右，各层四方开有射击窗口，顶楼的钟孔是传递消息用的。桃坪羌寨因典型的羌式建筑、交错复杂的道路结构被称为“东方神秘古堡”，是世界保存最完整的羌族建筑文化艺术的“活化石”（图 3-15）[1]。

3.2.2 石砌建筑

羌族自古以来就以用石块修建房屋的精湛技艺闻名于世，在《后汉书》就有记载“众皆依山居止，垒石为室，为邛笼，高者至十余丈”。村落依山而建、垒石为室就是今天所说的石砌建筑，也是羌族村寨民居的基本建筑形式（图 3-16）。

石砌民居是羌式建筑类型中比例最多的一种，一般是三层，通过实地测绘，得出传统石砌民居层高为 2.8m。传统的石砌民居通常底层为牲畜空间；二层为

图 3-15 桃坪羌寨全景图

(a) 河心村石砌新民居

(b) 河心村石砌新农房

图 3-16 茂县河心村石砌民居建筑

1. 攻略 | 古朴自然的阿坝州，必然是不可缺席的旅游胜地 . 寨子 [EB/OL]. [2020/5/20]. https://www.sohu.com/a/252608557_726848.

图 3-17 碉楼与民居相结合的村寨

居住空间，设置正房、卧室和厨房等生活用房；三层为存储和晾晒空间，用于生产使用。随着社会发展，人们的卫生健康意识不断提升，对生活质量要求越来越高，已经实现了人畜分离。建筑从底部到屋顶使用当地的片石、块石等筑砌而成，为了增加抗震能力，墙体均有收分，整个建筑形成下大上小的锥形体。石材的肌理配合收分的形体，给人以厚重稳定感，同时外形通过出挑、屋顶的错落、细部的装饰，使整个建筑形态十分的优美。

3.2.3 碉楼建筑

碉楼民居顾名思义就是指碉楼和石砌民居的组合体，是住宅重要的部分，它与公共性的碉楼有一定的区别（图 3-17，图 3-18）。单独建造的碉楼一般做公共建筑使用，古时作为重要的防卫建筑和避难场所；而与民居结合的碉楼被作为民居居住使用的一部分，在平面上两者相互联系形成一个整体，成为羌族文化的典型代表。

碉楼和民居的结合是特定的动乱环境下聚落集体防御的延伸。在使用功能上，它既具有居住功能，又具有防御性的功能，在所有权上碉楼民居中的碉楼由建造者所有[1]。无论是将碉楼转移到民居中，还是民居有意地向碉楼靠拢，均是羌族人民防御能力在建筑中的一种提升体现，作为文化进步形成的一种民居建筑类型，同时也体现了羌寨独特的聚落形态。从平面形态看，碉楼民居平面形态分成三种：1）碉楼与住宅分开类型，2）碉楼紧靠住宅外墙类型，3）碉楼融入住宅之中类型（图 3-19）。

1. 刘劼．四川水磨古镇空间形态分析研究 [D]. 西安：西安建筑科技大学．

(a) 黑虎羌寨碉楼与民居　(b) 河心村碉楼与民居

图 3-18 碉楼民居建筑

图 3-19 碉楼民居建筑平面类型

3.2.4 夯土建筑

夯土建筑从新石器时代到 20 世纪五六十年代使用规模较大，是用结实、密度大且缝隙较少的压制混合泥块作为主要材料，辅以砖石、木头等建造而成。这种建筑的优势在于可以就地取材，施工简易、冬暖夏凉、造价低廉等。

羌族的夯土民居在形式上和石砌民居基本是一样，它们主要的差别是使用的材料不同，夯土民居使用泥土夯筑墙体，与石砌民居在肌理和色彩上具有明显的差别性，所以夯土民居在形式上可以认作石砌民居的一种小类，它主要分布在汶川一带，汶川地震后现存的数量很少，自古以来由于泥土夯筑墙体抗震性较差，分布范围并不大，但与羌族石砌类的民居构成了鲜明的地域民族特色，在建筑风貌塑造方面值得传承（图 3-20，图 3-21）。

图 3-20 汶川萝卜寨夯土民居村寨

(a) 萝卜寨夯土民居

(b) 萝卜寨废弃民居建筑

(c) 萝卜寨景区

(d) 萝卜寨新建夯土民居

图 3-21 羌族夯土建筑

图 3-22 布瓦寨

3.2.5 穿斗夹板建筑

羌式建筑中除了碉楼、碉房和石砌民居外，还有穿斗夹板建筑。谭继和先生认为："巴蜀巢居文化有两个发展系统：一个系统是古羌人从河湟入蜀，延岷江南下，在古冉駹地创造的邛笼文化；另一个系统是岷江河谷直至古成都平原的土著创造的干栏楼居文化[1]。"而后者建筑类型主要分布在靠近汉族和降雨较多的羌区。

穿斗夹板建筑底部为石砌的墙体，在坡屋顶接触的顶层为木质的墙体，内部空间与石砌民居无差距，主要区别是顶部为坡屋顶。从形式上看，传统的穿斗夹板建筑并不具有民族特色可言，但是建筑设计师利用羌式建筑风貌的模式语言进行了重新组合，将石砌民居屋顶局部凹凸结合坡屋顶，实现了板屋建筑风貌特色化，是北川羌族地区常见的一类建筑形式。

在四川阿坝州的汶川以东地区，建筑屋顶形成两坡水斜面，内部以穿斗木结构作为支撑，以木板作为维护。其形成的主要影响因素是气候，在穿斗夹板建筑居多的地带，降雨量在 1300 ～ 500mm 的干旱河谷的过渡地区，传统的屋面设计经受不起雨水的冲刷，因而顺应自然环境形成这种屋顶形态。另一方面，为满足生产需要，屋顶有时并不全是坡屋顶，而是采用平坡结合的方式，一面做晒场使用。这种坡屋

1. 季富政 . 中国羌族建筑 [M]. 成都：西南交通大学出版社，1997.

(a) 茂县羌锋寨民居 (b) 民居设计效果图

图 3-23 羌族穿斗夹板建筑

(a) 桃坪羌寨过街楼 (b) 木卡寨过街楼 (c) 龙溪羌人谷过街楼

图 3-24 羌族过街楼

顶的木质结构受后期汉族住宅的影响，因而出现在靠近汉族的羌区，被看作是汉羌结合的产物。

3.2.6 过街楼

羌寨的过街楼可谓一楼一貌，毫无相同的地方。从整体来看，过街楼的建造使街巷空间变得更加曲折幽深、生动迷离。此外，由于羌寨建筑层数多，但层高较低，墙壁由厚重的石块砌成，窗洞口都较小，因而导致下面各层室内采光、通风、日照等都不是很好。羌族人则利用梯井、天窗等方式进行改善和弥补不足，其中在住宅之间修筑过街楼起到了扩大建筑空间的作用，使每一处地方都得到充分利用。在古代时期，过街楼是利于观察和防御的建筑空间；有些过街楼使用木梁横排搭接在中间形成平台，用来堆放物品等，也是获取空间的一种建构手法（图 3-24）。

一般经济条件好的家庭在过街楼上利用木头构建门、壁、窗、栏杆等，与石砌的墙体结合，显得非常优美。从建筑美学上来说，过街楼是道路上空的“脸面”，所以人们普遍愿意把大量的财力投入其中，成为羌寨内部最精美的聚焦点，从而形成了独特的立面造型。过街楼又被称为“绣花楼”，羌族的刺绣工艺尤为精湛，而刺绣是女性工作，需要光线充足的空间。过街楼就赋予了这种艺术创作的活泼轻松的空间。从现代建筑风貌的设计来说，这种用木构装饰形成的精美过街楼，不仅可以成为羌寨内部的点睛之笔，而且也为羌式建筑中的阳台立面的装饰提供具有实际美学参考的价值。

3.3 建筑空间模式语言

羌式建筑作为山地建筑类型，在过去特殊的环境条件下形成了独特的空间模式语言。建筑空间分为室内空间和室外空间，从建筑风貌的角度来看，建筑空间是指建筑主体中的外部空间。羌式建筑外部空间主要有街巷空间、过街楼空间、院落空间、庭院空间组成。从建筑与空间的组合来看，形成了“街道空间—巷道空间—过街楼空间—庭院空间—院落空间”的空间模式。

3.3.1 街巷空间

传统的羌式建筑依道路左右而建，建筑形态多样，与自然环境相适应，形成个性多变、自由的街巷空间。在典型的传统羌寨中，为了抵御外敌的入侵和寒冷的气候，建筑与建筑形成组团布局，连接各户入口的通道便构建了非常窄的 “棋盘式的街巷空间结构”，成为公共的院落空间。其中作为主要交通街道宽度达到了3～4m，街道宽高比在1:1到1:2，而巷道宽度普遍在1～2m，宽高比达到了1：4，巷道两侧的墙面和空间内部采光较差。

新建羌寨街巷空间处理上，引入了现代规划和设计标准，形成两个等级，一是作为聚落内部满足车辆通行的主要道路，为确保车辆交汇时，能够安全通过，其宽度为6～7m，二是能够满足消防要求的小巷道，作为寨内步行道路，其宽度为4m。通过对传统和新建的羌寨线型街巷空间剖面进行测量得出，新建羌寨巷道宽度控制在最大4m，配合两侧3～4层建筑高度，线型的巷道空间街宽高比接近1：3，形成了较为围合的巷道空间，既能满足消防和空间采光的要求，又把传统羌寨的巷道空间文化得到很好的延续（图3-25）。

3.3.2 过街楼空间

过街楼主要有两种形式，一种是跨在街巷两侧的楼，另一种是指道路穿过建筑空间的楼房。因为在街巷空间上部增加了过街楼，从而在底部形成了一个半开放空间（涵洞），让平面的街巷空间实现立面空间的转换，丰富了街巷的空间界面。同时，过街楼相对于开放式街巷而言，由于顶部是密封的，因而成为人们夏季乘凉的集中区域。

羌寨内部过街楼当属羌族住宅中十分考究的部分，有的过街楼可达到三四层，并且使用全木质结构镶嵌在两侧的石砌建筑中，表现出异于其他民族独特而又优美的立体空间风貌。从新老羌寨的街巷宽度看，空间的大小明显受街巷尺度影响，整体来说羌寨过街楼的宽度通常不会超过4m，形成虚实结合的建筑风貌（图3-26）。

巷道 a.D/H=1:4

b.D/H=1:3

c.D/H=1:2

街道 D/H=1:1

图3-25 羌族传统街巷空间尺度示意

（a）老寨过街楼　（b）新寨过街楼

图 3-26 羌族新旧寨过街楼尺度对比示意

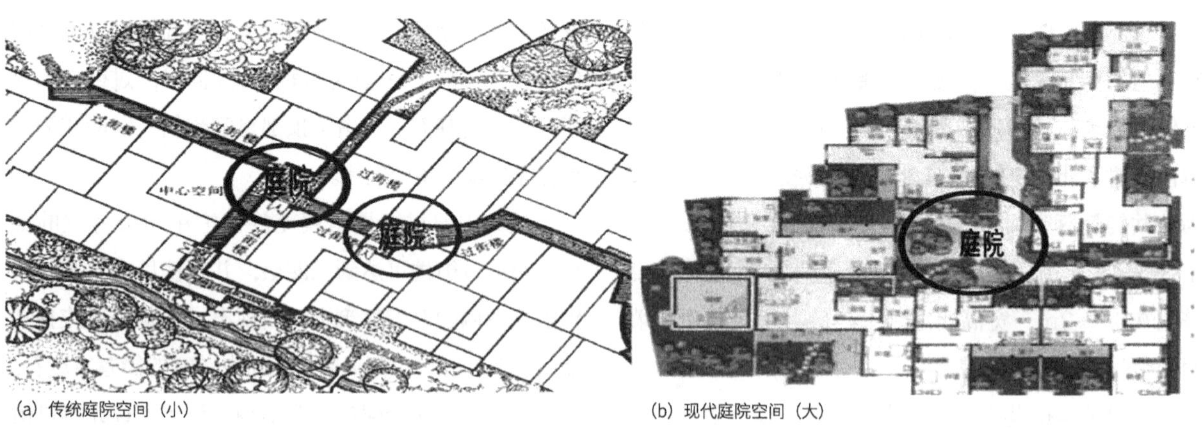

（a）传统庭院空间（小）　（b）现代庭院空间（大）

图 3-27 羌族庭院空间

3.3.3 庭院空间

羌寨中道路设置往往在居民中穿行，形成十字路口、三岔路口或其他较为宽阔的空间，四周民居高耸使其形成类似天井的封闭空间，是重要的道路枢纽和防御的聚散空间。

庭院一般是指前后建筑与两边廊庑或墙相围成的一部分空间。传统羌寨的街巷交会的十字路口局部放宽形成庭院空间，成为羌族人民出入建筑、休闲使用频率最高的节点，根据巷道 2m 的宽度推算，其面积为 $2m\times2m=4m^2$，这种街巷交汇节点庭院空间已经逐步被功能更加完善的公共庭院空间所取代，面积得以扩大。由于街巷消防的基本要求，所以在交汇十字路的现代公共庭院空间其面积不会小于 $4m\times4m=16m^2$。由街巷到庭院的“窄一宽”的空间转换，可谓：前狭后宽，豁然开朗，成为街巷和院落交接点，故而是重要的文化交流空间（图 3-27）[1]。

1. 宛克忠 . 承接、保护、创新—理县桃坪羌寨新村规划设计 [J]. 中外建筑，2011（09）：98-102.

3.3.4 院落空间

羌族村寨不论是位于河谷区还是半山区或是高山区都面临坡地处理的问题，因建筑依山而建，院落也形成丰富的竖向空间。羌寨中院落空间除了受到地形影响，还会考虑防御问题；另外，坡地使农耕用地紧缺，节约土地成为重要的影响因素；由于羌寨经济相对较为落后，人力财力有限，每户人家会共用相邻墙体，因而也使院落空间更加具有局限性。

传统的羌族中通过高墙与建筑围合形成具有防御功能的内部开放空间和围合的街巷。经过现场实测，羌寨中每户院墙的高度在 2.2 ～ 2.8m 之间，由于这种“墙—院”的关系，人们在街巷中很难知道高墙后面是否有建筑的院落空间。另外，羌族民居建筑底层边界明晰，但到第二层开始，建筑向外扩展，有些甚至以邻户建筑外墙作为边界形成围合空间，院落空间界定变得模糊。

从整体上看，院落与建筑主体衔接的十分和谐，可以说建筑主体与院落是一个整体，并不是附属的空间，由于建筑用地十分有限，所以羌式建筑中院落面积不是很大，通常是一层建筑面积的 1/3 ～ 1/4 之间，使得这样的院落空间十分的节约土地。我们可以观察到，羌族民居的院落空间并不是规整的方形。院落垂直方向相互叠加并贯通，水平界面开合有致、收放有度。它并非静止的、固定的，它是延展的、变化的，它具有立体流动性的特征。因此，我们只有通过多视角、动态的体验，才能完善对羌族民居建筑中院落空间的理解和认知[1]（图 3-28）。

在新时期下，随着院落空间生产功能的弱化，院落主要作为室外休闲的空间，基于节约土地的原则，新建民居的庭院面积也控制在总宅基地面积的 1/3 ～ 1/4 之间，换句话说，按四川省确定的农村宅基地面积规定，每人面积不超过 30m²，3 人以下的

图 3-28 羌族院落空间使用功能的演变示意

户按 3 人计算面积不超过 90 m²，4 人的户按 4 人计算面积不超过 120 m²，5 人以上的户按 5 人计算面积不超过 180 m²，民族地区适当增加原则。因而民族地区农村宅基地人均可以增加到不超过 40 m²，将增加的 10 m² 换算成院落空间面积，即院落空间的面积为：3 户及以下院落面积为 30 ～ 40 m²，4 户人口的院落面积为 40 ～ 50 m²，5 户人及以上的庭院面积为 50 ～ 60 m²。

3.4 建筑平面模式语言

3.4.1 平面形态

羌族所在地为高烈度地区，不论是在河谷地带还是半山、高山地带，建筑平面形态的选择成为考虑的重点之一。建筑平面是建筑功能的基础和载体，也是体现建筑立面、空间、形象的基础。平面形态一般分为基本几何形态、几何形态的变形组合和几何形态的分隔重组三种，而羌族民居大多以基本几何形态的方形平面建筑为主，符合羌族人民生活需求。

方形建筑可以保证建筑在水平方向上受力均匀，有效地提高抗震能力。在汶川地震中，羌式建筑以方形平面体块为主要要素的建筑明显比其他异性平面形态建筑保存得更加完好。建筑中结合民族特有的符号加以装饰和点缀，成为羌式建筑平面模式语言的标识。

1. 罗丹青、李路 . 四川羌族民居中的院落空间 [J]. 华中建筑，2009（11）：153-155.

3.4.2 平面尺度

建筑尺度针对不同功能不同用途的建筑具有不同的标准，满足社会人群的不同使用需求。而传统的羌式建筑的平面尺度并没有一个统一的标准，受地形的约束，平面的长宽比大约在2：1之间。随着社会进步、经济发展，在新建建筑中开始重视尺度问题，民居建筑制度逐渐标准化。从节约土地、满足实用要求和符合建筑尺度模数的角度考虑，民居建筑通常最佳的建筑尺度选择为：居住功能平面开间为3.3～3.9m；进深为4.2～5.1m；辅助功能开间为2.2～2.7m；平面的长宽比控制在1.6∶1左右。对于不同地势地区和家庭人口的影响因素下尺寸也会相应增大，以满足生产生活需求，但从人的视觉角度来讲，平面尺度大小对人们认知建筑风貌影响较小。

3.4.3 地形与平面形态关系

羌族地处山地地区，建筑平面与地形良好的契合形成具有羌族特点的风貌形态。由于地处山地河谷，平坦用地极为宝贵，在建造建筑时羌族人更多的是把平地大部分开垦为农用耕地，而建筑就顺应地势变化，利用错台、回退、出挑和收分等方式进行营建。地形与平面功能的处理使得羌族聚落从整体上更加具有特点，在立面上打破了简单呆板的方形视觉形象，使其更具有羌式建筑特色。

3.5 建筑形体模式语言

建筑形体是建筑风貌的最直观体现，也是基本框架，具有特色的建筑形体会给人留下深刻的印象，并且成为一个地区或民族的特点。

单体建筑形体以收分、退台、挑楼、罩楼、勒色等为基本要素，构成具有羌族特点的建筑风貌。在地势地形变化较大的地区，建筑也会采用吊脚楼、爬山等方式进行高差的处理，形成另外一番景色。也有许多民居建筑中融入碉楼，形成独特的立面形态，使整体更加具有羌族风格（表3-1）。

羌式建筑形体语言要素　　表3-1

名称	图示		
收分			
退台			
挑楼			

续表

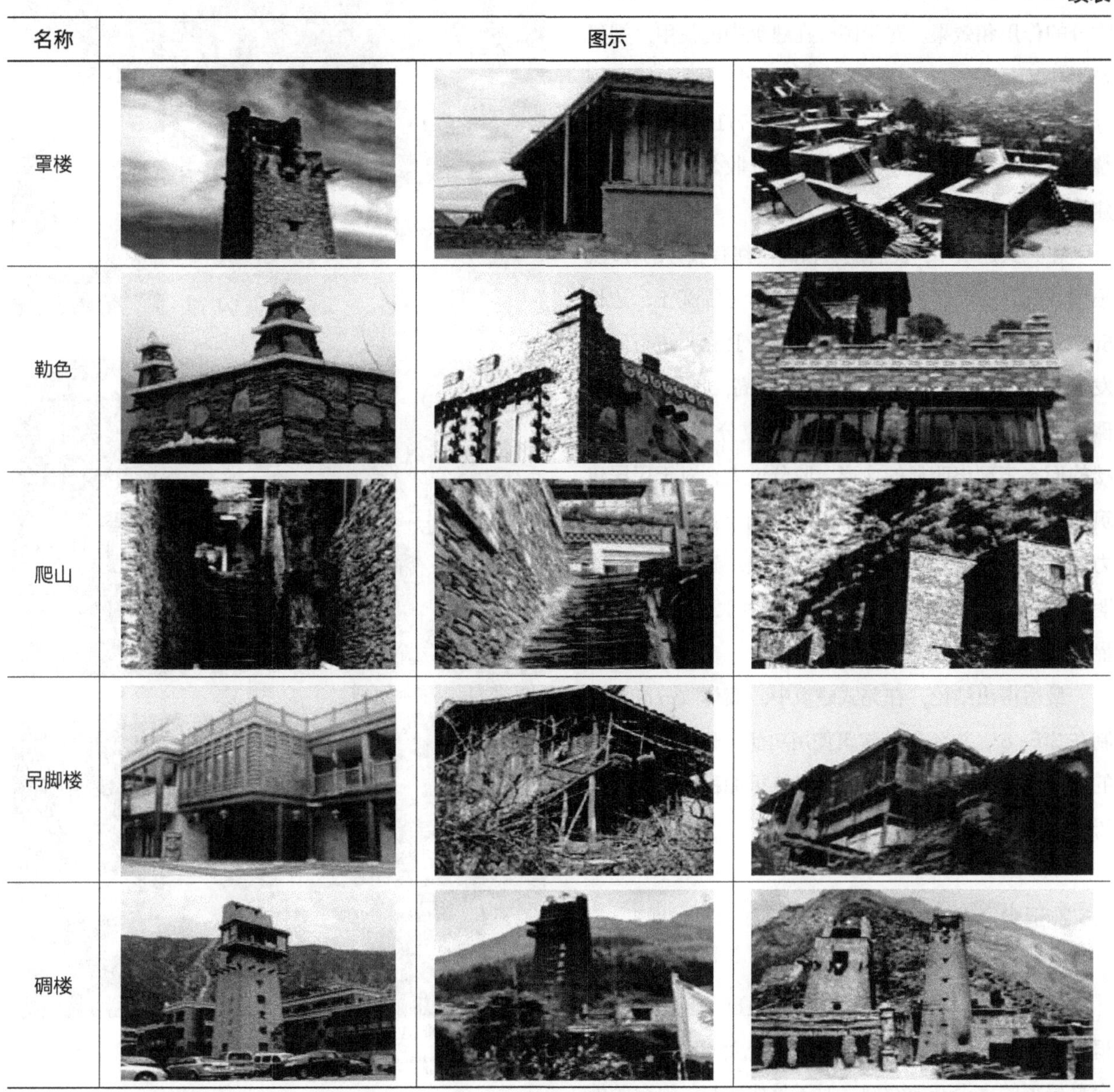

名称	图示
罩楼	
勒色	
爬山	
吊脚楼	
碉楼	

3.5.1 收分

在中国古代，建筑中的圆柱使用很多，为保证稳定性，圆柱的两端半径并不相等，而是设置成上大下小的形式，根部略粗底部略细，称之为“收分”。现在收分也是指建筑或构筑物从底部向上倾斜，形成类似锥体的收分外形，呈现下宽上窄的梯形形状，使建筑更加稳固，并且看起来轻巧。

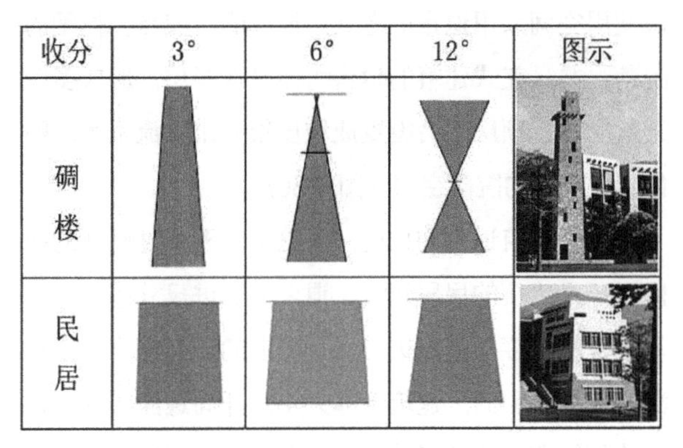

图 3-29　墙体收分关系分析

收分具体上下差多少也成为研究对象，收分过大会导致上层建筑不能正常使用且有安全隐患，并且也会使建筑整体外观比例不协调；收分过小难以达到收分的作用和效果。对于圆柱在建筑中的使用，视建筑大小而不同。小式建筑收分的大小一般为柱高的1/100，大式建筑柱子的收分规定为7/1000。而建筑整体的收分效果取决于墙体的收分，收分大小也受到建筑高宽比的影响（图3-29）。

在羌式建筑中，民居建筑和碉楼都有收分的处理。根据调查分析以3°为模数对传统碉楼（高30m、边长6m）、传统典型民居（高8.4m、宽18m）进行研究发现：碉楼收分为3°时，可以达到最高，收分为6°时，碉楼的部分楼层失去使用功能，当收分为12°时，碉楼的形态表现出明显的变形，收分过大；对于民居建筑而言，收分为3°时，收分效果不明显，视觉辨别能力较弱，收分为6°时，收分效果突出，建筑梯形形状明显，视觉辨别能力较强，当收分为12°时，收分稍显过大，建筑比例失调。

最后得出结论，在羌式建筑中，墙体收分应该控制在3°～6°，既不影响建筑使用功能，也能体现收分的效果，建筑呈现梯形形状，建筑更加稳固，整体显得更加轻巧和具有民族特色。

3.5.2 退台

退台是指建筑在竖向空间上，通过上一层建筑后退形成一定的开放空间，它与阳台最大的区别在于退台是屋顶的完全开放空间。对于羌式建筑，退台的处理是很常见的。建筑依山而建，为了顺应地势增加建筑使用空间采用退台的形式，形成晒台或当作休闲的院落，并且羌式建筑的退台可能是退多层，形成多个开放空间，顶层也会设置成坡屋顶用来引流雨水，整体形成丰富的院落空间（图3-30）。

对于建筑退台的尺度，无论是今天经过设计的新民居还是传统的民居建筑，退台的退进尺寸都是以建筑本身的尺度为基准进行设计建造的，并没有一个标准的定量。因而，建筑形体大小、开间进深尺寸对退台的空间有着重要影响。在退台方向上，以建筑背山朝南为例，除背山面外任何面都可形成退台，一般不会在背山面设置退台。另一方面，防御、气候及坡地地形等也对退台方向产生影响。

(a) 木卡寨民居建筑退台形体

(b) 休溪民居建筑退台形体

(c) 理县增头寨顺应山势的退台建筑形体

图3-30 羌式建筑形体——退台

3.5.3 罩楼

在羌式传统建筑中，为了方便屋顶晾晒粮食的存储，通常在屋顶靠山一侧设置一间进深为2m左右的房间，称为“罩楼”。罩楼的设置方向大多为坐南朝

图3-31 羌族建筑形体—罩楼

图3-32 屋顶退台与罩楼的“加减关系”

图3-33 龙兴羌寨民居建筑中的纳萨

(a) 龙溪羌人谷羌寨新农房

(b) 茂县白石羌寨新农房

图3-34 羌式建筑形体—纳萨（勒色）

北，三面用石块砌成，在面向退台空间方向是开敞的，有的地方为木质集热墙，顶部加盖屋顶，屋顶的高度通常低于三面墙体的围合高度，做有组织排水，其外表形态呈现为“L”形。也有羌族人民在罩楼顶部或两侧摆放白石，楼顶正中的白石是天神的象征。通过实地测量研究，整个屋顶的女儿墙高度在0.4～0.6m内，这样既满足了屋顶的排水、节约了女儿墙的造价，也能防止晾晒粮食掉落造成粮食的浪费（图3-31，图3-32）。

屋顶罩楼与退台空间形成一组“加减关系”，当罩楼面积增大，则屋顶退台面积变小，反之，罩楼面积减小，则退台面积变大。在羌式建筑中，人们更加追求建筑的实用性，为了在屋顶增加更多的晾晒和休憩空间面积，罩楼的进深受到了严格的控制，通过测量发现传统羌式建筑的罩楼尺度关系为：进深为2m左右，开间以建筑总长度为最大尺寸，罩楼高度为2.2～2.4m。在新建的建筑中，罩楼的长宽高受到建筑尺寸模数的影响，罩楼的使用空间面积得以增加。

3.5.4 纳萨（勒色）

在羌族民居屋顶，用石砌建造的立方体或锥柱体，纵截面为等腰梯形，通过2~3级收分，形成锥角尖顶，上部伴有白石作为装饰，两腰凹凸，被称为“纳萨”（图3-33，图3-34）。因所在区域不同形成两种叫法，南部羌语区称为“纳萨”，北部羌语区称为“勒色”[1]。是羌式建筑形体中唯一具有人文信仰文化的民族标志性形体语言。

1. 赵曦，赵洋．勒色：羌族民居建筑文化符号 [J]. 文艺争鸣，2010（04）：92-96.

(a) 茂县羌城酒店纳萨

(b) 休溪乡新农房纳萨

(c) 茂县白石羌寨新农房纳萨

图 3-35 纳萨（勒色）尺度控制示意图

(a) 转角挑楼

(b) 连通挑楼

图 3-36 羌式建筑形体——挑楼

建筑主体 建筑主体 建筑主体

挑楼 挑楼 挑楼

尺度关系：挑楼的出挑控制在 1.2m ～ 1.8m

(a) 转角挑楼　(b) 普通挑楼　(c) 连通挑楼

图 3-37 挑楼形态及尺度控制示意

在传统羌式建筑中纳萨常见的造型有两种，一种为等腰梯形，用于屋顶女儿墙中部；一种为直角梯形用于屋顶女儿墙的四角。纳萨本身分为内外两部分，在装饰上则均以方形石板为台面把纳萨划分上、中、下三层，均用圆形穿孔，上下对应分别象征着天、地、人，顶部放置白石。纳萨也是羌式建筑中的最高层面，是羌式建筑文化的精神“神殿”，也是传统羌族文化的标志性符号。

通过实践调研，纳萨造型发生了很多的变化。在藏羌交融区，纳萨角度倾斜为 45°，形成三角形态，俗称“猫耳朵”；在汶川、茂县、理县、北川等羌族集中区以直角梯形，纳萨设置在女儿墙四角，对建筑风貌装饰形成了统一认知意识。从羌族本身的建筑文化延续和美学角度来说，纳萨的尺度相对固定，长宽高为 0.45 ～ 0.6m，角度倾向为 30°～ 40°（图 3-35）。

3.5.5 挑楼（凸阳台）

现代居住建筑中挑楼一般是指楼房向外悬挑出底层的封闭楼层房屋，类似于封闭的阳台，一般层高不低于 2.2m。在传统的羌式建筑中，在建筑外墙利用木头悬挑出平台形成凸阳台，用立柱封顶封面，形成封闭的出挑阳台。在立面上丰富了建筑形体，同时，也增加了建筑面积，是羌式建筑风貌的重要形体语言。

羌族传统民居中挑楼设置在不同地方，例如，在外墙转角处设置形成转角跳楼；在一侧墙体部位设置形成单面挑楼。挑楼设置位置不同形成不同的表现形态，单面挑楼而因为长度不同，形成连通状挑楼或非连通状挑楼（图 3-36，图 3-37）。

羌式建筑挑楼的尺寸有一定的标准范围。考虑挑楼木质结构的受力与抗震要求的影响，挑楼出挑长度

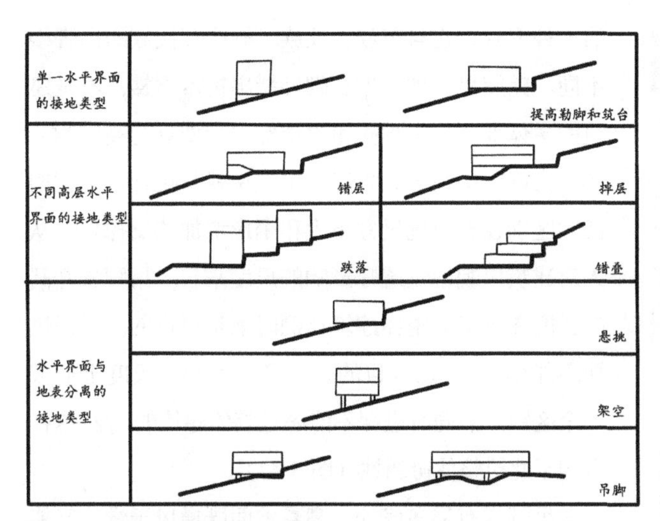

图 3-38　建筑介入坡度地形方式

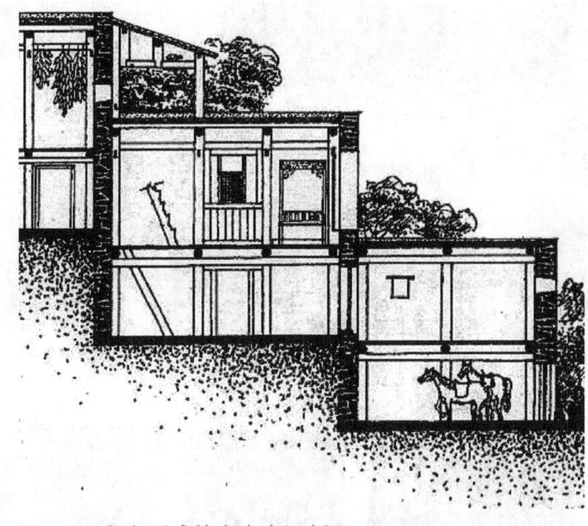

图 3-39　爬山形成的室内空间剖面

一般在 0.9 ～ 1.2m。出挑过大会增加相对的墙体或柱等支撑结构的受力，为满足实用性和安全性，挑楼出挑尺寸控制在 1.2 ～ 1.8m 最佳。但随着建筑技术的发展，出挑长度变得更加灵活，运用范围更加广泛。从羌式建筑形体模式语言要素考虑，若出挑增大到一定长度，增加柱支撑就形成了吊脚楼形体（图 3-38）。

3.5.6 爬山及吊脚楼

传统的山地建筑是人们长期实践经验的积累发展而成的一种建筑形式，巧妙地利用山地地形建造，在视觉上具有独特的风格和魅力。受山地地形影响建筑都“依山就势”介入场地，顺应地形造就和谐的地物同构的山地人工景观。不同的地形一方面采用不同的介入方式，另一方面又存在某些联系和相似性。例如，跌落、错跌都是沿着不同地形高差层层建造的爬山方式。其中对于羌式建筑而言，在处理地形高差的介入方式上具有美学意义的主要是爬山和吊脚楼形体。

爬山楼一般是运用在具有 2 ～ 4 个坡度的山地上，羌式建筑通常不会通过筑台方式填充坡度形成一个平坦的建设用地，而是依山就势层层攀爬，后一个坡度上的建筑高于前一个坡度的建筑高度，形成爬山形体，这样每一坡度建筑屋顶形成一个退台空间，实现了地物同构。考虑爬山依山就势可以在每一层的坡度上形成一个室内空间，从而增加建筑室内的使用面积，比筑台方式更具有实际意义，所以羌式建筑采用爬山而不是筑台处理地形（图 3-39）[1]。

在尺度上，无论是山墙还是后墙爬山，每一层坡度的建筑开间或者进深均受到同一层地形高差的限制。从形体美来说，爬山塑造了高低错落的单体建筑形态风貌。随着羌寨逐步向河谷地区转移，建筑用地条件得到改善，爬山形体也逐步消失在羌式建筑中，而建筑更多地依靠屋顶退台、平坡屋顶结合再现高低错落的单体建筑形态美。在视觉效应上，建筑和周围景观同时进入人们的视野，建筑群体逐渐上升，展现出与山体肌理相同的势态，使建筑尊重自然山体、亲近自然。

吊脚楼也被称为“吊楼”，属于干栏式建筑，但吊脚楼底部并非全部悬空，因而也称为“半干栏式建筑”。大多分布在渝东南及桂北、湘西、鄂西、黔东

1. 季富政 . 中国羌族建筑 [M]. 成都：西南交通大学出版社，2000.

图 3-40 阿坝州黑水县建筑“依山就势”

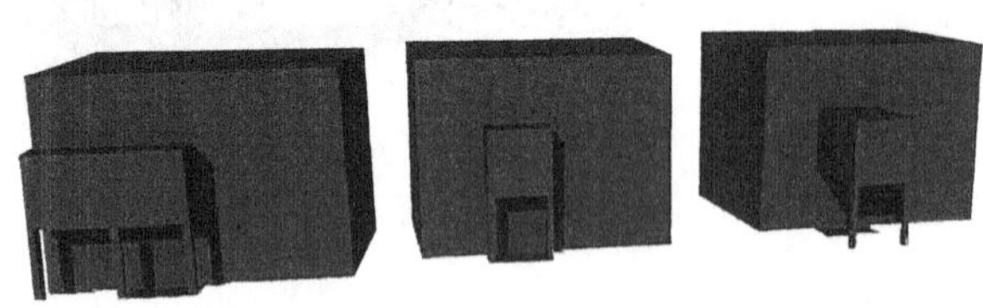

（a）加大吊脚开间　（b）基本吊脚尺度　（c）加大吊脚进深

图 3-41 吊脚楼尺度分析

南等地区，是苗族、壮族、侗族等民族的传统民居。多依山而建，呈虎坐形，以“左青龙，右白虎，前朱雀，后玄武”为最佳屋场，后来讲究朝向，或坐西向东，或坐东向西（图 3-40）。正屋建在实地上，厢房除一边靠在实地和正房相连，其余三边皆悬空，靠柱子支撑。

吊脚楼分为单吊式、双吊式、四合水式、二屋吊式和平地起吊式五种。羌式建筑中的吊脚楼属于单吊式，也有人称之为“一头吊”“钥匙头”，是最普遍的一种形式。它与苗族、壮族、侗族等民族的吊脚楼不同。羌族吊脚楼支撑石砌外墙出挑木质楼，不是建筑的主体部位。吊脚楼和挑楼部位造型具有高度吻合性，支撑部位在一定程度上可以说就是挑楼，它们的最大区别在于出挑尺寸更大和相应增加的支撑柱。从人对建筑风貌视觉感知影响的尺度来看，吊脚楼开间的长度在不影响整体建筑比例时都是可行的，但是进深不能小于 1.8m（目的是为了与挑楼在尺度上形成一个区别），同时进深不能超过整体建筑的 1/2，这样有利于建筑整体协调性（图 3-41）。

吊脚楼有很多好处，高悬地面既通风干燥，又能防毒蛇、野兽，楼板下还可放杂物。吊脚楼有鲜明的民族特色，优雅的“丝檐”和宽绰的“走栏”使吊脚楼自成一格。这类吊脚楼比“栏杆”较成功地摆脱了原始性，具有较高的文化层次，被称为巴楚文化的“活化石”。

3.5.7 碉楼

碉楼是羌式建筑中最具民族特色的建筑之一，有单独建造成为羌寨中的公共建筑或古时用作防御建筑，也有与民居结合建造形成重要的单体建筑要素。在塑造建筑风貌上具有重要的建筑高度控制意义（表 3-2）。

羌碉平面形态　　表 3–2

名称	四角碉演变为八角碉	六角碉演变为十二角碉	八角碉演变为十二角碉
实例	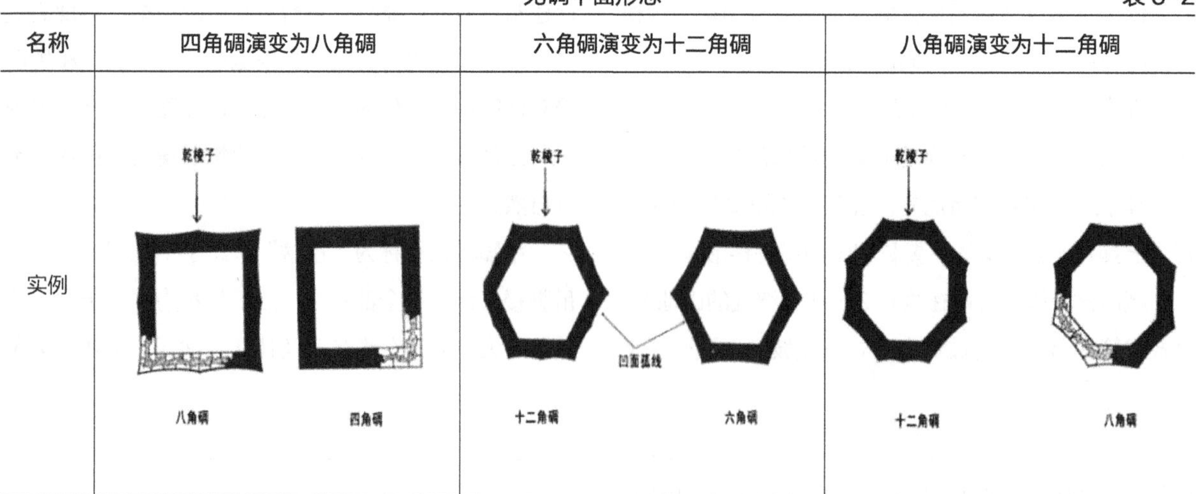		

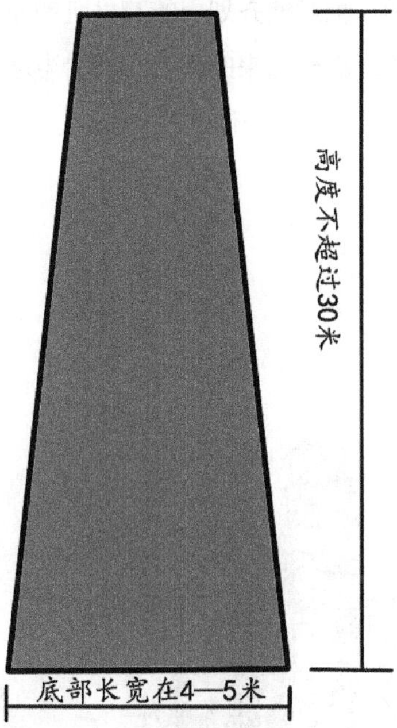

图 3-42　羌碉尺度控制

碉楼是羌族人用来御敌、储存粮食柴草的建筑，高度在 10 ～ 30m 之间，形状有四角、六角、八角几种形式，有的高达十三四层。为了增加抗震性能，通常在各边凸出一小块，羌人为之“乾陵子”，因而又有十二角碉，但是最常见的还是以抗震性能更好的方形平面的四角碉居多。由于羌碉均是墙重，内部跨度极少超过 5m，多数集中在 4m，所以羌碉的长宽在 4 ～ 5m（图 3-42）。建筑材料是石片和黄泥土。墙基深 1.35m，以石片砌成。石墙内侧与地面垂直，外侧由下而上向内稍倾斜。修建时不绘图、吊线、柱架支撑，全凭高超的技艺与经验。建筑稳固牢靠，经久不衰。1988 年在四川省北川县羌族乡永安村发现的一处明代古城堡遗址“永平堡”，历经数百年风雨沧桑仍保存完好。

在碉楼立面，无论是哪种平面形态的羌碉，均是从底部向上收分形成梯形，其中最具有特色还是属方形碉楼。就方形碉楼作为单独建筑而言，形体要素由收分、罩楼、挑楼组成，顶部形成“L”造型。在高度上，由于羌碉为民间建造，在石砌墙体承重上，本身可以达到 50m 甚至更高，但是由于经济和劳动力的限制，从实测中得出碉楼多数高度集中在 30m 内。羌族的民居一般在三层，碉楼必然高于民居，故而碉楼的高度不低于 4 层，以传统羌式建筑的高度推算，高度在 11 ～ 30m。虽然如今建筑技术发达，但从建筑适应性来说，碉楼高度应该控制在 30m 以内。

3.6　建筑肌理模式语言

建筑肌理是指建筑表皮材料构造呈现的凹凸感的纹理形态，肌理作为一种特殊的建筑模式语言，在视觉上传递着最直接的建筑信息，每种材料都具有不同的肌理，即使是同一种材料通过不同的搭配手法也会形成不同的肌理视觉效果。建筑表皮肌理化的表达主要是通过对材料进行合理的形式组合，使得建筑表皮呈现肌理特征，通常有三种方式[1]：1）使用天然肌理的材料构成建筑表面的肌理；2）对本身不具备肌理的材料进行加工使得材料具有肌理，如将耐候钢板加工成褶皱化肌理；3）将构成肌理的要素按照某种规律进行立体构造组织排列形成凹凸的纹理形态。

3.6.1　石材肌理

羌式建筑一个重要的特点是厚重、粗犷、封闭，一方面是受建筑防御功能影响，另一方面就是因为建筑大量采用当地石材，形成独特的石材建筑肌理与风格。

羌族人民因地就势的将当地石材运用到建筑中，把石材经过初步打磨后以适应建造，在砌筑墙体过程中，石材组合又会根据墙体受力的要求选择不同石材大小、不同厚度的进行砌筑，故而羌式建筑中的石材

1. 邢同和，申浩．建筑表皮的肌理化建构 [J]. 新建筑，2010（06）：80-83.

肌理在立体构造组织排列上，既保留了天然石材表皮的粗糙质感，同时又以大小不一、错落的石材进行组合，两者不仅传达了建筑的厚重感，也传达了建筑的沧桑历史感。相对整齐划一的石材肌理而言，这种天然的石材肌理搭建起来的人工产物恰当地与周围裸露的岩石自然景观融为一体（图 3-43）。

(a) 龙溪羌人古新农房

(b) 木卡羌寨新农房

(c) 茂县某民俗酒店

图 3-43 建筑石材机理

(a) 萝卜寨旅游景点

(b) 萝卜寨旧农房

图 3-44　建筑土质肌理

(a) 龙兴羌寨新农房

(b) 汶川新农房

(c) 北川县羌族博物馆

图 3-45　建筑木质肌理

3.6.2 土质肌理

羌寨中完全用土质作为主材料的建筑较少，大多结合石材或其他材料使用。在四川汶川一带传统羌族的建筑使用泥土作为建筑围合的材料，为了增加泥土的黏性和稳定性，通常会在黄色土壤里增加草、竹等混合物，待墙体干燥成型后建筑立面上呈现出褶皱纹理。土质的肌理和色彩给人视觉是建筑的乡土性极强，从建筑的绿色发展看，生土材料通过与木材、石材、砖材、钢材等材料的组合运用[1]，既可以创造出传统羌族的建筑质感和色彩，又可以创造出适应地区气候环境的高品质建筑，如以生土材料为主增加一些其他现代黏合性的材料作为墙体用材，可以极大地提升建筑的保温性能和再现传统的建筑质感和色彩（图 3-44）。

3.6.3 木质肌理

在石砌羌式建筑中，木材作为石砌建筑的补充材料，一般作为门窗、木质集热墙和贴面等使用。在传统羌式建筑中木质材料更多的是起到点缀装饰的作用，木质材料本身具有纹理，随着木材颜色的蜕变使石砌建筑更具有历史感，另外柔化了羌族石砌建筑的厚重感，使建筑更加生动具有民族特点（图 3-45）。

1. 刘冲，李钰，岳邦瑞．当代国外生土材料的复合应用与现代表达研究 [J]. 建筑与文化 ,2016, (08):218-219.

3.6.4 图案拼接肌理

羌式建筑中的图案拼接肌理是将肌理的要素按照羌族图腾和纹样的图形构成组合排列，形成一类凹凸的纹理形态，尽管这类肌理在建筑中所占比例小，但是在建筑立面装饰中是体现民族文化的重要方法。其中由白石形成的图案肌理比例是最大的，延续了羌族人民对白色（白石）推崇的民族心理。

由建造者发挥个人手工艺或宗教信仰、愿景等塑造具有民族特色的个性化图案，展现了羌族文化特点和人民生产生活，强调地域特征，是塑造民族建筑文化的重要手段（图 3-46）。

3.6.5 肌理的整体控制

建筑肌理在满足各自构成特点的基础上，还应该结合建筑整体考虑其合理性和美观性。根据建筑表面面积来控制不同肌理构成要素的细部大小尺寸、排列组合形式以及整体占用面积等，规律、合理的肌理设计与应用增添建筑美观性和建筑特色，但运用不好、大小尺寸把握失调会导致建筑外观肌理杂乱（表 3-3）。

就羌式建筑主体肌理而言，建筑主要由石砌肌理、土质肌理、石木组合肌理构成，对应的建筑形式有平坐穿斗夹板建筑，顶层以下为石砌、顶层为木质集热墙等。

(a) 木质窗图纹

(b) 石墙上木质图纹

(c) 碉楼墙面浮雕图纹

(d) 民居墙面绘制白色图纹

(e) 民居墙面绘制图纹

(f) 民居墙面白石镶嵌图纹

(g) 民居墙面白石与颜料结合的彩色图纹

图 3-46 建筑图案拼接肌理

羌式建筑肌理整体控制建议　表 3-3

类型	主体肌理	辅肌理	图示
石材肌理	主石材肌理 比例 80%–90%	辅助肌理（木质肌理、图案拼接肌理） 肌理比例 10%–20%	
土质肌理	土质材肌理比例 80%–90%	辅助肌理（木质肌理、图案拼接肌理） 肌理比例 10%–20%	
石木肌理	石材比例 50%–60%、 木材比例 30%–40%	辅助肌理（图案拼接肌理）比例 10% 左右	

3.7 建筑色彩模式语言

在现代社会中，建筑色彩是城市景观中的主体部分，建筑色彩的处理直接影响一个城市的色彩美和整体基调。它不仅是色彩本身的特性，更是一种文化信息的传递媒介，在一定程度上，代表了城市文化表达、宗教、方位和等级等观念。

同时，色彩也是民族文化的体现。建筑风貌控制主要也是建筑色彩上的控制，色彩的明暗关系、色调等直接影响到人们的视觉感知，有着重要的区分标识作用，增加建筑的可识别性，体现各民族的文化差异。通过色彩的装饰，建筑可以很好地融入周围环境，也可以从周围环境中“跳”出来，充分显示个性。

从建筑设计来说，将传统建筑色彩运用到建筑表面的设计中，不仅能够把独特的色彩艺术表达出来，而且有利于对建筑特色的传承。

3.7.1 墙体色彩

墙体作为建筑的主要结构构件，直接反映建筑主要色调。传统羌式建筑色彩与当时使用的材料色彩有着直接的关联。前小节介绍了羌式建筑的材料使用主要为石材和少量的生土以及木材作为辅助和点缀。对于石砌羌式建筑，受“焚风效应”影响，周围山岩裸露风化严重，裸露风化的岩石呈现出中性的灰色，故而丰盛的石材资源成为主要材料。石砌墙体是由当地片石（灰色）混合泥土（黄色）垒砌而成，待墙体干燥定型后两者混合形成中明度的黄灰色，同时以当地青片石、蛇纹岩混合现代水泥等垒砌而成，墙体干燥定型后两者混合形成的中明度青灰色，与周围裸露山岩色彩融合一体；生土墙体主要是由当地黄泥土混合植物垒砌而成，墙体主要是呈现中低度彩度和中明度的黄色，部分地区由于土壤为红色呈现出中高彩度的

(a) 龙溪羌人谷呈青灰色的石砌民居

(b) 理县木卡寨呈青灰色石砌民居

(c) 呈红色的白石羌寨民居

(d) 呈白色的理县木卡寨民居

(e) 呈暗黄色的土质肌理民居

(f) 黄色与青灰色结合的穿斗夹板民居

(g) 呈明黄色的土质肌理民居

(h) 黄泥混合植物和石材的民居建筑色彩

图3-47 羌式建筑墙体色彩

红色。建筑材料都是就地取材，因而建筑色彩与周边环境有很好的融合（图3-47）。

3.7.2 屋顶色彩

由于羌区气候具有冬干春旱、雨热同期的特点，夏季降水增多，建筑采用坡屋顶形式，屋顶用青片石或青瓦建造。因此，羌式建筑屋顶整体呈现中明度的青灰色，局部与墙体色彩保持一致，整体和谐、自然。局部地区建筑采用平屋顶的形式，屋顶色彩与墙体保持一致。随着羌族村寨的发展，越来越多的民居建筑采用新型的材料和建造方式，屋顶也不再是单一的石材或木质的色彩（图3-48，图3-49）。

3.7.3 构件色彩

建筑构件是建筑的重要组成部分，其中展现在表面对人们认知产生影响的一般包括门、窗、栏杆（有的为木板形成的木质集热墙）等。羌式建筑中构件均是使用木质材料建造，因而呈现的是木质原本的色彩。整体的木质色彩由最初使用的浅黄色或者棕色，但在自然环境下在风吹日晒雨淋下逐步变成了深褐色、深灰色。在灰色的墙体上木质的浅黄或棕色就显得尤为突出，木质材料上雕刻具有羌族传统的花纹图案，具有民族特色，也使建筑多了一点暖色，减轻了建筑的厚重感（图3-50，图3-51）。

图 3-48 石砌建筑坡屋顶色彩

(a) 经过处理的土黄色屋顶色彩

(b) 新型材料的蓝色屋顶色彩

图 3-49 屋顶色彩

(a) 牟托寨新寨建筑窗构件

(b) 叠溪羌寨建筑窗构件

(c) 休溪羌寨建筑窗构件

图 3-50 窗构件色彩

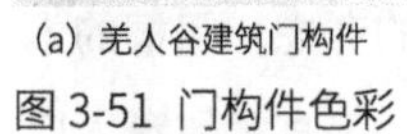

(a) 羌人谷建筑门构件

(b) 羌人谷建筑门构件

(c) 休溪强制建筑门构件

图 3-51 门构件色彩

(a) 金黄的玉米装饰色彩

(b) 火红的辣椒装饰色彩

(c) 绿植装饰色彩

(d) 墙面彩绘装饰

图 3-52 羌式建筑装饰色彩

3.7.4 装饰色彩

作为民族建筑，最值得关注之一就是建筑的装饰。羌族人民对白石神的信仰与尊崇使得人们在传统观念中也极为崇尚白色。在建筑屋顶、门窗顶部、墙面均可以见到白色装饰的图案，白色成为建筑装饰色彩最多的一部分。作为以农耕为主的民族非常重视庄稼收成，因而人们在房屋上挂黄色的玉米和红色的辣椒，一方面作为晾晒食用，另一方面也象征了人们对农耕丰收的愿景，象征着日子红红火火和一年的好兆头。黄色和红色的图案也会随着时间的变换形成金色和酒红色，也是另一番美景。

白色、黄色和红色在阳光的照射下显得极为生动活泼，与中低明度的灰青色建筑形成强烈对比，成为建筑群中一道亮丽的风景点缀（图 3-52）。

3.7.5 色谱构建

蒙塞尔色彩体系是目前国际上通常采用的色彩量化标准理论，将色彩表现方式为 HV/C(色相、明度 / 纯度) 三种方式。色相即色彩的相貌，明度即为色彩的明亮程度，纯度即为色彩的纯净程度[1]。色相中，红色系、黄色系、绿色系、蓝色系、紫色系、橙色系、黄绿色系、蓝绿色系、蓝紫色系、紫红色系，其中各色相又分别有 2.5、5、7.5、10 等不同色相，无色系[2]；明度中，在 0 ～ 10 间，数值越大说明越亮，数值越

1. 黄元庆，黄蔚 . 色彩构成 [M]. 上海：东华大学出版社，2006.
2. 许蕾蕾 . 北京旧城王府建筑色彩研究 [D]. 北京：北京建筑大学，2014.

小说明越暗，0 为黑色、10 为白色；纯度中，数值为 1 和 2 的倍数，其中 16 为最大，数值越大则纯度就越高，数值越小就越接近灰色。

羌式建筑的色彩是在特定的地域环境下形成的，具有显著的地域特色，但是部分色彩会随着时间变化而出现褪色、氧化等现象，使得羌式建筑缺乏易识别、易推广的色彩标准，所以必须构建起用色标准谱系，才能形成一套规范化、易操作的用色标准。根据每个颜色占建筑表面面积的比例大小，可以将羌式建筑色彩分为主体色、辅助色、点缀色三类。依照分类原则，羌式建筑的墙体、屋顶的色彩为主体色；门、窗、栏杆等建筑构件色彩为辅助色；白色、红色和黄色为点缀色。

3.8 建筑立面装饰模式语言

建筑立面装饰是展现建筑个性化与意境美的重要部分。随着社会经济日益发展，人们对生活不仅仅拘泥于舒适与安全，而是追求精神享受。为提高人们居住的满意度，增添建筑美感，建筑立面装饰逐渐变得尤为重要。立面装饰设计效果可以影响建筑的视觉感和整体形象，对于民族建筑更是展现民族特色文化的重要表达方式。

建筑的立面装饰主要通过建筑不同细部构造展现，从而丰富了建筑形式美。羌式建筑立面装饰的特色主要是在入口、窗部、墙体、檐部及屋顶等部位。

3.8.1 入口装饰

羌式建筑入口装饰表现为石敢当、垂花门和一般民居之门的。羌式建筑入口处通常摆放石敢当，一般位于入口大门的左侧，形态怪异，但出现在各家各宅的入口，同构与建筑姿态。石敢当属于住宅辟邪之物，以有形的器物表达无形的观念，帮助人们承受实际的灾祸危险以及虚妄的神怪崇拜带来的心理压力，克服内心的恐惧和困惑，给人以安慰，是重要的羌族文化符号。

羌族民居的门可谓是丰富多彩。垂花门是中国古代民居建筑院落内部的门，它是内宅与前院的分界线和唯一通道。因为垂花门檐柱不落地，垂吊在屋檐下，称为垂柱，其下有一垂珠，通常彩绘为花瓣的形式，故被称为垂花门。受汉民居文化影响，羌式建筑的垂花门与清代典型的垂花门极为相似。由于是木质构件，在石砌民居墙体的对比下显得更加柔和，增添了入口的亲切感。

其他羌族民居的门秉承着坚固、实用的原则；一般采用双扇门，讲究入口对称形式的美；门框和门使用粗厚的木材，尺度都不算宽大，旁边垒砌在石砌墙体中，从而也可以看出对防御要求的考虑；门框的木质材料上雕刻羌族传统的图案造型，丰富了建筑入口形态。

3.8.2 窗装饰

羌式建筑中的窗造型多样，功能不同，布局形式丰富。羌式建筑中的窗最早主要是用作防御功能，后随着时代变换，建筑窗慢慢发展为现在居住使用功能，并且更多地起到装饰和展现民族建筑特点的作用。传统羌式建筑的窗大约分为斗窗、升窗、牛肋窗、十字窗、花窗、民族窗等几种。从风貌角度讲，新时期具有装饰作用的窗主要是斗窗、牛肋窗、十字窗。它们均是墙体开洞口形成的窗，与传统意义上的窗有所不同，通风采光效果较差，主要做装饰用。

花窗是羌族传统建筑中最为常见的一种，通风采光效果较好并且具有装饰作用。同样，受到汉文化的影响，形态与古时汉民族建筑窗户十分相似。斗窗多设置在主室或厨房内，斗窗尺度很小，窗最长边也不超过 80cm，窗尺寸内大外小，中间立一根又圆又细的木棍，因外形像漏斗故而称之为斗窗，是一种十分特别的窗户造型，具有羌族特色。阳光照射进来，角度不断变换，使室内充满温暖而又神秘的气氛。现代风貌建筑建造中，将羌族图腾纹样融入窗户中，形成具有民族性的窗户样式。其中，除了窗户本身的装饰作用外，羌族人还将白石放在窗顶也形成装饰效果（图 3-53 ～图 3-55）。

(a) 石敢当　(b) 垂花门　(c) 一般民居门

图 3-53 羌式建筑入口装饰

图 3-54 民居入口装饰

(a) 花窗　(b) 民族窗　(c) 十字窗

(d) 斗窗　(e) 牛肋窗　(f) 装饰窗

图 3-55 羌式建筑窗装饰

3.8.3 栏杆装饰

中国古称栏杆为阑干或勾阑，是桥梁和建筑上的一种安全设施。最早在周代礼器座上有类似的栏杆构件，经过发展栏杆形式和材料变换多样。现在的栏杆按照材料大致可以分为铁栏杆、木栏杆、石栏杆、夹胶玻璃护栏，等等。造型和尺寸也有了更加具体和适宜的规范，依据不同使用人群、设置位置、周边环境等因素，栏杆的材料、高度、形式也随之不同。栏杆的使用增添了空间感和层次感，起到分隔、导向的作

图 3-56 栏杆装饰

（a）直棂式栏杆

（b）木板式栏杆

（c）拼接式栏杆

图 3-57 羌式建筑栏杆装饰

图 3-58 阳台装饰栏杆组合

(a) 太阳图案　(b) 羌字图案　(c) 回纹图案
(d) 火图案　(e) 羊头图案　(f) 雪花图案
图 3-59　羌式建筑墙体装饰图案纹

用（图 3-56 ～图 3-58）。具有设计感的栏杆使建筑更加具有特点，起到装饰作用。

羌式建筑的栏杆多使用在挑楼部位。挑楼的装饰普遍上是立柱封顶，非连通的单面挑楼或转角挑楼是封闭的形式；连通的单面挑楼为开敞的，周边就以栏杆作为围护。

从栏杆的样式来看，羌式建筑栏杆主要分为直棂式、木板式、拼接式。直棂式是指木条以基本的竖线平行排列形成，是最常见的一类；木板式是以木质集热板作为基本装饰，通常作为封闭式的集热墙使用；拼接式是基本的横线和竖线按一定的规律排列而成形成的样式。

除了单一的栏杆形式外，羌式建筑中栏杆形式常以组合的方式呈现，增添空间层次感和建筑特色与美感。目前从栏杆装饰组合上看有以下几种：1）将直棂式、木板式、拼接式和花窗组合作为封闭式挑楼的装饰，形成阳光房，类似于羌寨中的过街楼木构装饰，极具特色；2）直棂式、木板式，拼接式各自单一形式出现作为装饰；3）在两柱间夹杂直棂式栏杆（也可以两柱间夹杂木板式栏杆），按照 1.5 ～ 2m 之间的基本模数排列布局作为连通的单面挑楼部位的装饰极为有特色。

3.8.4　墙体装饰

羌式建筑的墙体上大多都雕刻有羌族文化的图腾纹样，使建筑整体更具民族性特征，彰显民族文化和宗教信仰，是极具地域性建筑风貌塑造的重要途径。

羌式传统建筑墙体装饰图样符号类型可以分为四类：1）以自然中的花草为主形成的植物类，例如牡丹花；2）代表吉祥和反映羌族生活、财富和信仰的动物类，例如羊骨头图腾、龙形图腾等；3）反映羌族人民生产生活的生活场景和对美好生活向往的人文类，例如打猎、如意纹、回纹、羌字纹等；4）羌族作为广泛神信仰的民族，对自然火、雪花、太阳、星星等都充满了敬畏形成的自然类。其图案通常以白石拼接为主，体现了对白石文化的崇拜。从这些类型实地调研发现太阳图案、羌字图案、回纹图案、火图案、羊头图案、雪花图案出现的频率最高（图 3-59）。

3.8.5 檐部及屋顶装饰

檐部也是羌式建筑立面装饰的重要部位，主要形式有：1）图案装饰中以白色的回纹、三角形、全白色等图案以母体方式围绕檐部一圈作为装饰艺术；2）在一些传统的羌寨中的建筑檐部有一种弓样式的横环构件扣在建筑的檐部，排列式布局，是一种非常美观的装饰，也可以保护墙体；3）屋顶处的白石通常以白色的石头装饰，对于丰富屋顶的形式和色彩极有视觉效果（图 3-60）。

（a）白石图案装饰檐部

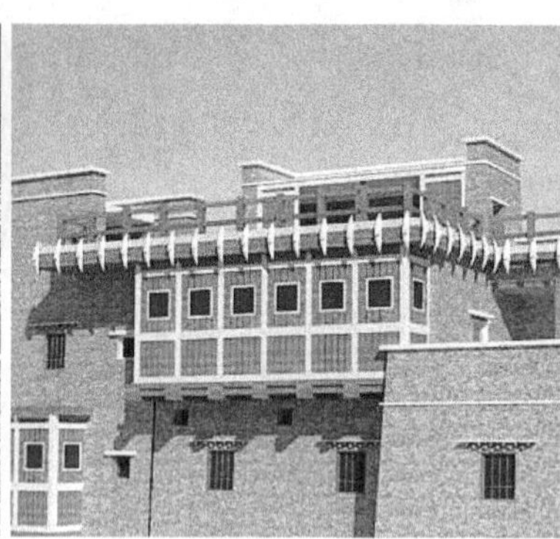
（b）横环图案装饰檐部

（c）屋顶白石

图 3-60 羌式檐部及屋顶装饰

第4章 现代羌式建筑风貌创作的手法

新地域主义是在建筑上吸收本土的民族风格使现代建筑中体现出具有地域性和民族性的特定风格，最早源于传统的地方主义或乡土主义，是富有现代性的创作流派或倾向。新地域主义不等于地方或民族传统建筑的仿照或复旧，而是在功能与结构上更加遵循现代化的标准和需求，在形式上保留传统的民族文化，它依然是现代建筑的组成部分。新地域主义对于传统建筑向现代建筑转变的过程中具有实际的可实践意义，是一种特殊的建筑创作手法。建筑设计中旨在吸收本土、本民族优秀的建筑风格，使创造的现代建筑体现出地域的风貌。新地域主义理论来源于传统地域主义，但是并不意味着对建筑进行复旧，也不意味着现代建筑中对传统建筑符号的简单式复制运用，而是强调以现代建筑功能和构造为原则，实现建筑整体形式的神似[1]。

新地域建筑以本土建筑文化为基础，所以必须获得特定地域环境下的本土传统建筑（构造物）原型。经过分析我们认为新地域建筑的设计应强调三个基本问题：（1）解决建筑所在的地形下的自然和人文环境和所在地形给人带来的“心理”体验感受；（2）解决地形下的建筑类型，唤起人们的乡土记忆；（3）解决建筑采用什么方式和材料去建造的问题[2]。所以现代的羌式建筑风貌创作应该以具象创作、抽象创作、意象创作体现出对羌式建筑风貌的传承。

北川羌族自治县是我国唯一一个羌族自治县，位于四川盆地西北部，山峦起伏的绵阳市西部。北川县风景优美，有众多旅游景区，羌族风貌浓郁。但北川坐落在映秀和擂鼓两大地震断裂带的交汇处，2008 年 5 月 12 日，一直潜在的一个危机爆发了——地震。继而，开始对北川进行全新的规划和重建，规划提出“山水环、生态廊、休闲带、生长脊、设施链、景观轴”的空间结构设计构思，整体设计着眼于羌族传统聚落的营造，完成“再造一个新北川”的目标（图 4-1）。

对于建筑风貌更是提出六点原则：（1）传承民族文化与绿色生态发展；（2）以羌式建筑文化为基础，

图 4-1 新北川鸟瞰

1. 李俊新 . 地域性建筑科研方法的评析 [J]. 南方建筑，2006(11):114-117.
2. 蔡袁朝，肇晖奇 . 新地域建筑创作中建构文化的基本问题研究 [J]. 华中建筑，2012(05):22–24.

统一性与多样性平衡的城市特色；（3）传承与创新相结合，一脉相承，与时俱进；（4）“乡土建筑现代化，乡土建筑本土化”真实表达羌族文化；（5）生态绿色，节能环保；（6）艺术性与震撼力的文化建筑，简约亲民，稳重平实的行政建筑。

4.1 具象创作手法——原生羌风型

具象创作并不是对风貌语言按照原生态型的风貌进行简单式的复制创作运用到现代建筑风貌中，而是对风貌的空间、造型、装饰甚至各部位的尺度等按照原生型的建筑造型直接进行传承和使用，具有全面传承，整体简化，局部重组的特色[1]。

具象创作手法强调建筑风貌形态的原型再现，但是在现代建筑设计中，由于使用功能差异、构造结构的更新以及人们审美能力的提高，具象创作手法也不再是完全的与原生建筑风貌形态相同。在建筑局部或细节用加法或减法或重组、改变等手法进行设计建造，以此来使建筑整体更具适宜性和美学价值。在对羌式风貌语言具象创作手法中一般体现在以下几个方面：

4.1.1 建筑形态的直接应用

在现代羌式建筑风貌的创造与塑造中，建筑形态的直接应用保留了羌式建筑的民族特点。新时代社会背景下，在建筑建造过程中，我们更应该充分做到尊重自然、顺应自然、保护自然，我们要建设的现代化是人与自然和谐共生的现代化，既要创造更多物质财富以满足人民日益增长的美好生活需要，也要营造更舒适自然的居住环境以满足人民日益增长的优美生态环境需要和精神追求。在民族建筑中更应该发挥作用，做到可持续发展的建筑设计布局理念。

罗马人维特鲁威的著名典籍《建筑十书》中，《第一书》中提出了建筑的建造原则：“建筑还应当造成能够保持坚固、实用、美观的原则”。到 1932 年林徽因在《论中国建筑之几个特征》文章中提出：“在原则上，一种好建筑必含有以下三要点：实用；坚固；美观”。在经历数百年的历史变迁、技术发展以及社会变革，今天的建筑建造精神依旧未变，建筑业的主要任务依旧是全面贯彻适用、安全、经济、美观的方针。这也是建筑的永恒之道。在面对民族建筑风貌的创作设计时，也应该遵循建筑建造的适用、坚固、美观的原则，结合具象创作手法，更加充分的展现现代羌式建筑风貌和更好的传承。

例如，现代羌式建筑中碉楼可直接应用收分的形式。在适用性上符合现代羌寨的地形和周边环境，适合当地地理环境，切合当地的人们生活生产需要和生活习惯，给居民心理上的舒适感与习惯感。再加上建筑石砌的肌理形态与周边山林景观完美融合，整体风貌更加和谐自然；在安全性上，碉楼本身由石块砌成非常雄伟厚重，建筑收分可以加强了碉楼的稳定性和抗震性能，上窄下宽的造型也使建筑形态显得轻巧自然；在美观性上，羌碉的收分是自古以来一直存在的建筑形态，这也是羌族碉楼的重要特点。采用建筑形态直接应用的创作手法保留了建筑形态最原始的风貌，对建筑形态很好的传承也给羌族人民以归属感。羌族民居建筑也应保留退台的建筑形式，因地制宜，迎合地理环境特点在高山、半山或河谷地区都适合将建筑以退台的形式处理，符合适宜性原则；另一方面，有利于节约用地，营造平坦的空间，为居民日常生活提供更多的空间，为谷物晾晒或其他生产活动提供场所，满足实用性原则；对于整个羌族村寨，建筑退台的处理也形成独特的建筑风貌，空间形态上具有高低错落的天际线，保留了羌族民居建筑的地域性和民族性特点，也成为羌式建筑标志性的风貌，是直接应用的现代羌式建筑形态风貌创作的手法。

---

1. 廖屿荻．“文化地域主义”民俗博物馆形态设计探索 [D]. 重庆：重庆大学，2003.

4.1.2 建筑布局的直接应用

在建筑布局上依旧遵循原生的建筑布局方式，更好地塑造出民族传统的空间体验。

1. 以街巷主导整体的建筑布局

村寨中连接家家户户的道路构成街巷空间，其中，道路的宽窄、两侧房屋的高低、道路辗转变换的形式都给人以心理上的影响。把握适合的尺度和两边建筑形式的塑造，给居民以亲切感和空间领域感。对于羌寨传统的街巷空间尺度与比例关系在第三章已进行讲述。由于旧时考虑防御要求和用地紧缺的因素，造成建筑高大道路狭长的街巷空间，给人压抑或些许阴森恐怖的感觉。因而，在现代羌式建筑风貌创作设计时应注意改善，通过借鉴现代街巷建筑与道路比例进行调节后再应用。创作时退台的建筑形式或道路方向空间开合来化解街巷的压抑感和紧张感，同时也丰富了街巷的空间形态，对景面蜿蜒曲折，转角处更具吸引力，街巷空间充满民族特色，也引导羌寨建筑布局使整体更加富有层次感。两者相互影响相互塑造形成尤为重要的空间语言和羌寨建筑布局形式。

2. 以基本的单元组团模式构成局部

羌族民居建筑在空间布局上出现较为差异的变化，在现代羌式建筑风貌创作上应注意这一点。首先是住宅改变了以往的平面布局形式，内部功能空间分区变得细致化，空间之间的分界变得明显；其次，垂直空间层次改变，实现人畜分离，院内进行牲畜饲养及其他生产工作，更注重居住环境塑造，重视私密性等，生活生产水平和方式更是向现代化发展；再者，民居建筑逐渐形成组团感，有区域划分构成单元组团，村寨布局规划更趋于现代化。

3. 以内部形成院落空间

院落与檐廊将居民空间划分为公共空间、半公共空间和私密空间，主要空间、次要空间划分明确，院落围合空间变得明显，居民更加重视自家院落的围合。通过院墙进行院落空间的创造和街巷空间的划分，这种“墙—院”文化的实质是通过围墙与建筑的共同围合，塑造多层级的空间形态。

4.1.3 建筑细部装饰的直接应用

原生的羌式建筑的装饰具有明显的地域性和民族性特点，对建筑细部的装饰增强了具象化的现代羌式建筑的地域性的表现。现代羌式建筑细部装饰的直接运用，如：石材体现羌族传统的建筑肌理；黄色涂料或木材装饰展示了羌式建筑的色彩；建筑檐部及屋顶的纹路或装饰更加具有民族特色。现代羌式建筑的细部装饰可以更多地将现代材料、技术和方法与传统装饰相结合，制作出更加精美的羌式建筑构件。如，玻璃印花形成的传统花窗；现代建筑营造技术形成的建筑墙体羌族图腾的贴面；钢材与木材相结合的悬挑构件，等等。

4.1.4 原生羌风型建筑案例

通过具象的创作手法，对羌式建筑的形态、布局以及细部构造和装饰进行直接的应用。建筑形态形成高低错落的空间格局，组合丰富的细部元素，在满足大的形体关系协调、材质颜色统一、屋顶形式类似的原生羌风型协调风格基础上，努力通过具体的手法强化单体建筑，尤其在建筑转角、对景等重要区位强调风貌识别度，丰富近距离、慢速度的原生羌风型风貌感知。

原生型羌风主要运用在城市核心区域的商业街区，以及地势较低的片区。建筑层数以 3 层以下的低层建筑为主，高度不宜超过 16m，特殊建筑如碉楼除外。强调建筑形体布局和屋顶面的高低错落，凹凸变化，丰富建筑的立面景观和屋脊线、天际线。多以过街楼连接单体建筑，增强沟通和整体性的融合。建筑的形式、色彩、材质、装饰等应准确反映羌族传统建筑风貌。

图 4-2　羌族特色步行街

图 4-3　步行街正门

图 4-4　步行街内单体建筑

1. 羌族特色步行街

羌族特色步行街是新北川县城景观轴和步行廊道的重要组成部分，运用具象的创作手法建造了原生羌风型步行街，是集中体现了传统羌式风貌特色的重点区域。新北川的民族特色、地理环境和经历的历史促使它发展将致力于第三产业的运行，因而旅游业无可厚非的成为新北川的支柱型产业之一，步行商业街承担了创造多样化、多层次的旅游体验任务（图 4-2 ～图 4-4）。

羌式特色步行街的设计方案是由北京清华城市规划设计研究院、成都富政建筑设计有限公司以及青岛市建筑设计研究院股份有限公司共同完成（图 4-5 ～图 4-9）。由于原生态的羌式传统建筑的内部空间已经不能完全满足现代化的生活需要，因而，商业街定位为“仿原生传统羌式建筑”，在风貌上，依旧采用了原生羌风型的设计建造，外部形象充分体现原生态羌式建筑特色。羌族特色步行街用地面积约为 75 600m^2，建筑面积 70 000m^2，建筑体量化整为碎，均为 2~4 层的底层建筑，建筑造型多变，平屋顶与坡屋顶相结合，高低错落，凹凸有致。通过碉楼、廊桥、过街楼和小广场的设置，整体形成了丰富多彩的天际线。建筑材料使用片石、块石和原木等传统羌式建筑

图 4-5 步行街西段

图 4-6 羌族步行商业街

图 4-7 步行街北侧

(a) 连廊

(b) 挑楼与室外楼梯

(c) 风雨廊桥

图 4- 8 羌式建筑风貌的细部展现

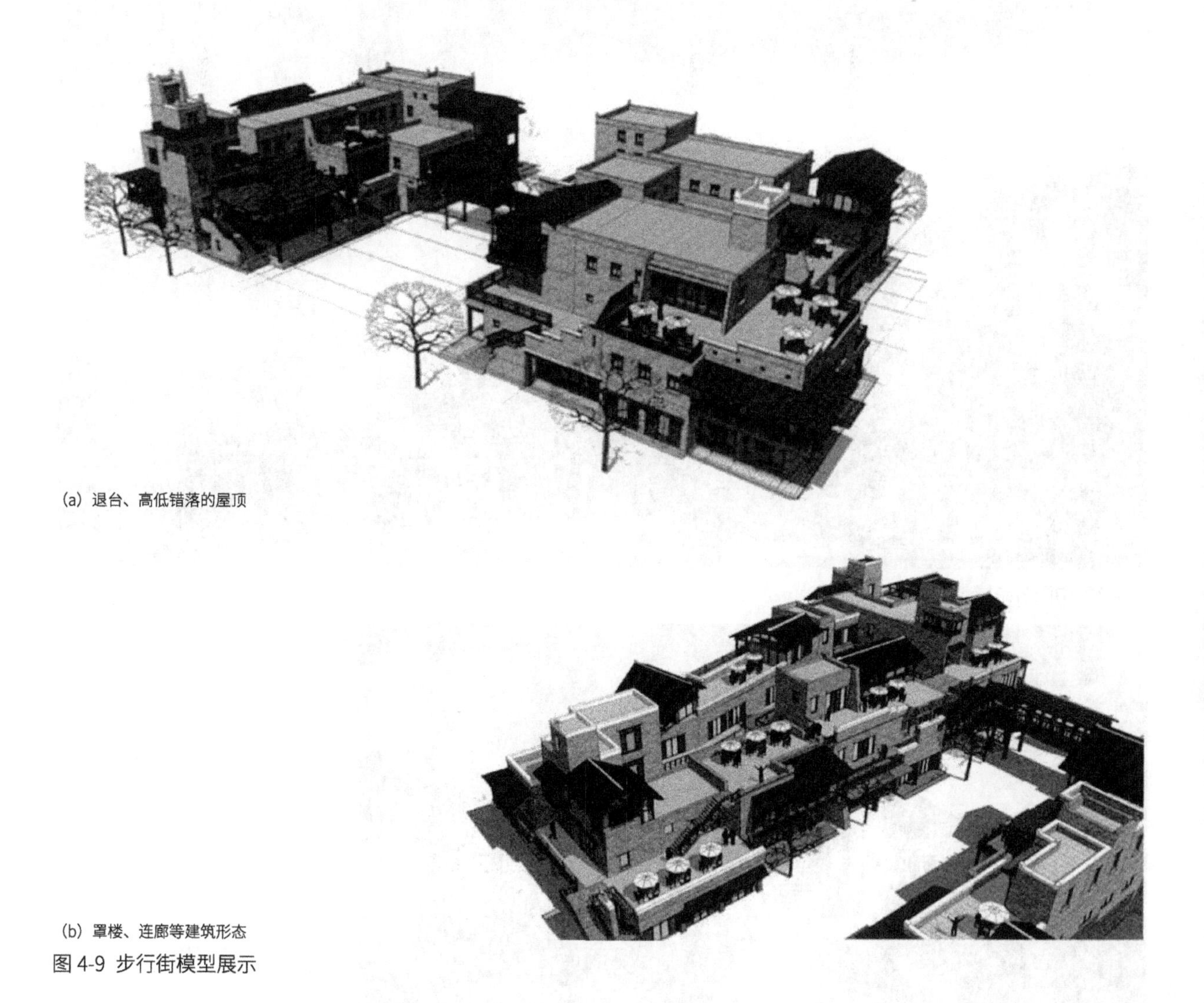

(a) 退台、高低错落的屋顶

(b) 罩楼、连廊等建筑形态

图 4-9 步行街模型展示

材料，力求最好地表达传统羌式建筑风貌。建筑内部空间按照商业、餐饮、休闲娱乐和旅游接待等现代功能设计，建筑结构也采用现代结构体系，不仅外观风貌原汁原味，功能使用也同样满足需求。

步行街西段可以整体地看到商业街中石材和木质相结合的建筑肌理，碉楼、挑楼和栏杆等都充分地展现了传统羌式建筑的风貌，此处的碉楼成为广场的控制点，丰富了商业街乃至整个建筑群的天际线。

步行街北侧设置有北川非物质文化遗产中心，介绍了羌族丰富多彩的传统文化。

2. 古羌城

古羌城位于四川省阿坝藏族羌族自治州茂县凤仪镇，地处岷江西岸金龟包和银龟包之间，坐西朝东，背靠水西，脚抵岷江，面向九鼎圣山，头枕蓝天白云，庄严雄伟，气势恢宏。规划面积 215 万 m^2，建筑面积为 25 万 m^2，古羌城保持羌族原有的建筑风貌、民风民俗、祭祀礼仪，充分体现羌文化的原生态环境和羌民族的生息特点，是中国乃至世界的羌族文化生态展示、展演区及文化休闲、体验旅游目的地。2017 年 11 月，古羌城正式被批准为国家 4A 级旅游景区， 由

图 4-10 中国古羌城

图 4-11 古羌城堡城门

中国羌族博物馆、非物质文化遗产传习中心、羌文化广场、羌王官寨、羌文化主题酒店、演艺中心、萨朗广场、羌圣山、炎帝广场、天碉、祭祀广场、羌乡古寨和停车场、彩虹云梯、古羌城门、古羌城景观支道、水系景观、古羌磨坊、古羌绳渡、古羌木桥、金银路、水西路、金龟寨等景观、景点及特色建筑组成，是羌族悠久历史和文化源远流长的实证，是目前全国乃至世界上规模最大、规格最高、功能齐全、设施完善和世界唯一的羌文化最大核心展示地（图 4-10）。

古羌城堡是中国古羌城景区的核心景点，由气势恢宏的古羌建筑群组合而成。高大威武、依山傍水、其城门高达 20 余米，是天下第一古羌城。城门两侧是明显的原生羌风型建筑，城门采用碉楼形式中间以木质连廊搭接，顶部四角有传统勒色构件，中间建构木质挑楼，与石砌墙面形成鲜明对比，层次丰富，颜色鲜明。城门两侧建筑高低错落形成建筑退台，墙面顶端围有一圈白石贴面做装饰，木质窗套具有传统羌式建筑风格，窗户上端立有白石（图 4-11）。城堡入

图 4-12 羌文化广场

图 4-13 羌王官寨

图 4-14 羌城碉楼

图 4-15 中国古羌城远景

口设立很长的台阶，使建筑整体更加高大雄伟，独具特色。

羌文化广场又称冉駹广场，是一个综合观光、休闲、集散区。以“羌王官寨”建筑为背景，还原了羌民族举行迎宾、集会、庆典的方式，是感受羌民族隆重的迎宾、咂酒开坛、挂红、鸣炮、吹号等礼仪场面及不同民俗表演的好去处。位于古羌城内的羌王官寨浓缩了整个羌文化的建筑、室内陈设、日常生活和议事等文化精髓，作为羌族上层文化集中体验展示区，让游客们在体验羌区上层文化生活的同时唤起历史记忆（图 4-12 ～图 4-15）。

3. 中国羌族博物馆

茂县羌族博物馆是一座地方性民族博物馆，位于茂县县城羌兴街南端，占地面积 4329m^2，陈列面积 10000 余平方米，于 1988 年羌族传统节日“羌历年”时正式开馆，是我国唯一的羌族博物馆（图 4-16）。羌族作为中国最古老的民族之一，在漫长的历史长河中，和其他民族一道在岷江上游创造了辉煌灿烂的农牧文化，历经数千年之久，为保护文化遗产弘扬民族文化，茂县在 20 世纪 20 年代末设立文物馆，开展文物整理发掘工作，发掘整理出大批具有较高历史价值和技术价值的精美文物。

20 世纪年代初兴建羌族博物馆，以介绍羌族历史和民俗风情为主，分为“岷江上游历史文物陈列”“羌族民俗文物陈列”“红军长征过羌寨革命文物展览”“羌族文物精品展览”四个部分。展品有茂县地区出土的新石器时代的石斧、石锛、石箭镞；春秋至西汉岷上

图 4-16 中国羌族博物馆

图 4-17 博物馆正立面

图 4-18 博物馆整体效果

图 4-19 博物馆建筑风貌

游石棺葬文化的典型代表器物双耳罐和青铜饰品、礼器、兵器以及细致小巧的玉石工具；民国时期流传到茂县城的汉白玉佛像；羌族服饰和工艺品及乐器等，体现羌族精湛建筑艺术、婚姻、民俗、宗教等方面的实物和照片。馆藏陈列比较全面地反映了羌族历史的概貌，是认识羌族、了解羌族的一个重要窗口。

博物馆自身几乎全部还原了羌式建筑建造风格，由四组碉式民居相连，建成与山体浑然一体的石头城堡建筑。由碉楼民居、邓笼、祭山塔、观音庙、晾谷架、转山路、索桥组成，规划成连体的石堡式山寨。石材外墙肌理搭配木质窗套，碉楼采用收分的建筑形态，顶部设置勒色，并装饰为白色，体现羌族人民对白石的敬仰。博物馆外墙二三层建造木质挑楼，外伸的木质色彩搭配白灰色石材使建筑整体更具羌族文化特质。从整体看，建筑高低起伏，凹凸有致，退台的造型使建筑更好地融入在周边的环境当中，博物馆每个部分采用木质连廊相连，形成良好的空间形态（图 4-17 ～图 4-19）。

4. 禹王桥

禹王桥又称“风雨廊桥”，位于北川新县城景观轴线西端起点，横跨安昌河，西连安昌河西岸的安北公路，东接巴拿恰商业步行街，是步行进入北川新县城的大门。工程由成都富政建筑设计有限公司设计，山东省青岛市援建。工程于 2010 年 9 月竣工，2011 年月正式投入使用。桥梁全长 204.2m，宽 12.6m，建筑面积 $5166m^2$，是北川新县城重要的地标性建设工程（图 4-20 ～图 4-24）。

禹王桥桥型为三孔钢筋混凝土连拱桥，单拱跨度最大为 80m，达到全国同类型廊桥跨度之最。禹王桥是新县城景观轴和步行廊道的重要组成部分，满足交通功能及河道防洪、景观蓄水功能要求。

桥面以上为体现羌族风情、大禹文化的石木结合的建筑。设计中融入了传统羌族的索桥、笮桥、碉楼形式，桥身外观采用了当地出产的传统青片石贴面，楼阁部分模仿地方特色的木构穿斗坡顶建筑，最外侧一排装饰木构架采用了大禹治水工具的形式。将羌族风情、大禹文化和现代气息都进行了充分的展现。禹王桥内部设置了商业店铺空间，并为行人提供了驻留、休憩、观景平台。坡屋顶间设置的高窗，利用烟囱效应为相对封闭的廊桥提供了良好的自然通风环境，成为北川新县城重要的标志性建筑和门户景观，为北川新县城提供了一处重要的景观点和观景点。

图 4-20 禹王桥

图 4-21 禹王桥正立面图

图 4-22 融入传统羌族的索桥、笮桥和碉楼形象

图 4-23 禹王桥入口空间

图 4-24 禹王桥内部街景

图 4-25 白石羌寨

图 4-26 寨中无处不在的白石装饰

5. 白石羌寨

白石羌寨位于茂县凤仪镇西北方，南距成都171km，北距九寨沟县200km，紧临茂县县城，是九环线上的重要景点，为典型的羌族聚居区。白石羌寨原为甘清村，是一个非常古老的羌族村寨。2008 年汶川特大级地震后甘清村受损严重，之后经过重建修复形成了崭新的充满民族特色的白石羌寨（图 4-25）。

“5 · 21 汶川”地震后，白石羌寨被作为精品旅游村开始建设，是九寨沟的必经地。地理位置优越，特色餐饮发展较为成熟，比较出名的有山菜王特色餐饮。农作物种植面积较广，物产丰富，村寨背倚群山，泉水资源丰富，前有岷江，视野开阔。羌寨远远望去，一片黄褐色的石屋顺着陡峭的山势依坡而上，或高或低，错落有致，其间碉堡林立，气势不凡，依山而建的村寨，远看是层层叠叠，紧密相连的敞间和晒台，形成了视觉丰富的景观。

村寨中的青石板路上，沿途随处可见由三块白石堆积而成的石堆，而每一栋重修的羌屋，在围栏立柱、屋顶都有白石镶嵌的图案。整个羌寨似乎就是一个由巨大的白石雕刻而成的古堡，神的魔力、艺术的价值在这里得到完美的展现。寨子中央伫立着巨大的白石塔，充分表达了羌族人民对白石的崇敬（图 4-26）。

重建的村寨建筑完全属于原生羌风型，建筑上用古羌图腾的白石组成一条条白色的腰线，装饰着家家户户的房屋墙体，与黄泥的墙体、褐色的图腾图案交相呼应，村寨整体呈黄褐色，处处体现出羌民族原汁原味的民族文化。村寨依山而建，民居错落有致，或高或低，碉楼立于其中，气势非凡，不仅形成丰富的视觉效果而且充分展现了羌式建筑的原生风貌，极具民族艺术价值（图 4-27）。

(a) 带有图腾的白石装饰及建筑勒色形态

(b) 寨中央白石塔

(c) 建筑色彩及装饰

(d) 建筑肌理及图腾纹样

(e) 建筑形态

(f) 民居院落空间

图 4-27 原生羌风型建筑风貌

6. 龙溪羌寨

龙溪羌寨位于四川省汶川县，是我国唯一的羌族释比文化发祥地，羌寨中释比人数众多，居所有羌族聚居之首。由于早期羌寨长期交通闭塞，寨中少有外人进入，所以保存了较为完整的羌族习俗和自然风景。其中，羌人谷内的阿尔羌寨是一座具有2000多年历史、至今保存完好民风民俗的古老羌寨。

羌寨中建筑保留了最原始的羌式建筑特色，建筑

(a) 较小的门窗洞口　(b) 白石装饰及勒色的建筑形体　(c) 龙溪羌碉　(d) 民居与碉楼相结合及建筑退台形式

(e) 图纹装饰　(f) 吊脚楼

(g) 街巷空间　(h) 聚落空间

图 4-28 龙溪羌寨建筑风貌特点

肌理与木材相结合，聚落整体呈灰褐色。建筑门窗洞口较小，周边大量使用木材作为装饰，其中还绘制羌族特有的图腾。屋顶或墙体四周有白石装饰，屋顶四角设置有勒色，且勒色形态多样、层数多变。龙溪羌寨聚落形态也延续了传统羌族聚落的布局形式，建筑依山而建，高低起伏。聚落中巷道狭长，中间有小溪流过（图 4-28）。

4.2 抽象创作手法——传承羌风型

抽象的建筑设计思维，将原生型的建筑语言运用到现代建筑中，强调了现代整体的神似而不形似，视觉上仍然能够唤起对原生型建筑语言的印象。现代建筑对原生型建筑语言进行抽象设计，是基于时代性和文化性的要求，往往是对原生型语言进行部分的提取、重组、简化，让创新形成的建筑形态与现代建筑融合在一起，既能体现出传统民族韵味，又能体现现代简约的建筑形式。对于原生型建筑语言抽象设计，其本质是以建筑形态为核心，其他部分选择去除，保持整体的神似成为抽象创作手法，对羌式建筑风貌的传承有着重要意义。

4.2.1 建筑模式语言的选择

羌式建筑语言的抽象设计，主要利用构成建筑形体的要素塑造建筑形态，从视觉上唤起人们对原型建筑的认知，这一类现代羌式建筑风貌主要的表现特征为：一是，建筑整体形态保持了原生型建筑形态的神韵，能够从建筑语言的角度进行归纳并且解读原生型建筑的语言；二是，以建筑形体要素为主，以一种形体语言作为整体形态的塑造，从而使得抽象出来的建筑能够从视觉感知上让人们引起对原生型建筑的记忆。

上一章节中详细介绍了羌式建筑风貌语言，对于现代羌式建筑模式语言的选择，应注重表现建筑风貌的民族性、地域性以及时代性特点。在繁多的建筑模式语言要素选择中建立建筑文化“扬弃”的观念，吸收和传承建筑优质文化内涵和民族特色的要素。例如，保留建筑形体模式语言要素，不仅使建筑顺应自然山势而且形成丰富的建筑风貌，还选择羌式立面装饰模式语言要素，羊头纹、石敢当、太阳图腾等。秉承表达羌族文化、体现羌族民俗、传承羌族特点的原则。同时，淘汰已经不具备延续发展和生存的相关部分。例如，平面模式语言中建筑布局应淘汰以往传统的“三段式”，结合现代生活、健康安全要求分离性畜养殖用房、生产活动用房和居住用房，提高羌族人民生活质量；适当调整街巷空间内道路宽度，满足消防要求和日常所需等。

建筑模式语言的选择重点在于将羌族地域文化、民族文化、宗教文化、建筑文化等与时代性融合，转换为具有科学理性的发展。只有这样才能使地域文化适应社会发展，使在地域文化影响下的民居能摆脱价值的偏移和功利化倾向的困境。同时，注重自然生态和可持续发展的理念，在扬弃中实现现代羌族地域建筑风貌文化的有机传承。

4.2.2 建筑模式语言的组合

现代羌式建筑风貌创作中，模式语言的组合不仅仅是对选择保留和传承的传统建筑要素的组合，还是传统与现代的组合。传统建筑符号在一个建筑单元或一套建筑系统内的关系是固定的，重组传承是对这些构成关系进行分解或打散，结合现代建筑设计序曲进行重新组合，形成一种新的关联。重组传承是在对传统符号充分尊重的前提下完成的，对符号的重组营造了新的秩序，在传承传统中突出了时代感的表达[1]。

例如，羌式建筑主要由石块砌筑而成，独有的建筑肌理和营造工艺成为羌式建筑的重要标志。但现代羌式建筑不能全部使用石砌建造，客观上受到建造技术和使用材料的限制，那么如何提高羌式新民居建筑风貌现代化的延续与传承，是需要设计者思考的问题。这里就运用建筑模式语言组合的创作手法，提出几点解决策略：一是结合现代建造技术对石头进行二次加

1. 中华人民共和国住房和城乡建设部 . 中国传统建筑解析与传承（四川卷）[M]. 北京：中国建筑工业出版社，2015.

工形成文化石墙体，建筑外观“贴面穿衣”；二是选择建筑形态和形体进行重组，采用标志性的羌式碉楼来渲染羌族民居的建筑氛围；三是运用羌族典型的装饰性符号，对墙面、窗套门套等进行装饰，塑造地域民族民居建筑风貌。

4.2.3 建筑模式语言的演绎

抽象作为一种建筑创作手法，从整体形态改变原生型建筑语言的影子，更多从具体物化的实物中获取的灵感，从而以抽象表达其具体物化的实物的含义，只能从建筑文化语义上进行解读，才能在使用者心理形成“建筑内心图像”，从而最终形成一个能被解读的“建筑模式”。利用象征手法创作现代的羌式建筑，首先从象征的角度，构建整体的建筑形态，在文化和地域性塑造上，强调了整体形态不过分追求原生型的建筑形式。在局部形态构成上和装饰上仍然会采用到一些建筑语言表达，并根据具体进行重组、重构等方式运用，最终演绎出现代羌式建筑风貌特色。

4.2.4 传承羌风型建筑案例

传承羌风型建筑主要以住宅为主，以及重点公共建筑。建筑结合了现代建筑科学技术以及人们日益增长的生活质量要求、生产方式的改变等方面，融合传统羌族文化，在满足功能需求的基础上形成具有文化特色的建筑风貌。建筑形式、材料和整体框架应考虑周边环境，因地制宜。注重色彩、装饰和细部的刻画，凸显羌式建筑风貌。

1. 映秀镇二台山安居房

映秀镇隶属于四川省阿坝藏族羌族自治州汶川县，坐落于岷江和渔子溪之滨，山清水秀风景宜人，经济发达，也是进出九寨沟、卧龙和四姑娘山等旅游胜地的必经之地。映秀镇二台山安居房设计由同济大学建筑设计研究院（集团）有限公司完成，建筑师：黄一如、姚栋、周晓虹、贺永等人共同完成。用地面积 4.05 万 m^2，总建筑面积 20883.52m^2。

2008 年“5·12 汶川”大地震后，地域内多栋建筑遭到毁坏，严重的几乎全部坍塌。映秀镇二台山开始了新的规划，安居房规划地段内高差显著，最大坡度达到 45°，结合地形和尊重传统场所的原则，安居房建筑风貌为汉羌结合。从空间角度分析羌寨的特征大致有两点，与山地结合以及密致的空间结构。究其原因则有很多不同的观点，其中既有民族起源与宗教传承的可能，亦有防御进攻的因素，也有学者认为更多的是出于保护耕地的朴素缘由[1]。因此规划设计山坡地上的住宅更侧重于羌族民居风貌的传承，相对平缓地带以汉族川西民居风格为主。

在新建住宅中为做到现代生活与传统文化的交融，实现农村住宅用地的集约使用与乡村生活的平衡，并且在设计中尽可能地避免“千村一面”情况的出现。设计是对当地人民生活、生产和家庭构成进行分析。当地人民更多是以旅游业为主，农业较少；家庭结构也不再是三代或四代同居的大家庭；随着生活条件的改善，生活方式也不再是传统的火塘，对通风采光的需要更多，结合以上，新民居强调了独门独户、单独接地的建筑形式，以及屋顶平台展现羌族文化特色。在建筑风貌上依然保留了建筑外围石墙和开小窗的做法。一方面在满足规范窗地比的前提下将上层窗户变小；另一方面将毛石砌筑的挡土墙设于建筑物的下 3 个立面，而其上的围墙又向上升起了 1.8m 的高度。通过将挡土墙融入建筑，每个单体至少 1/2 的正立面都变成了实墙面。这样的设计不仅符合羌式建筑与自然结合的传统，还营造出了一种自然的雄浑之气。同时，为了强化建筑单体的向上感，在建筑侧面增加了扶壁，形成一种向上收分的视错觉（图 4-29 ～图 4-35）。

1. 田凯 . 宗教意识对建筑的影响 [J]. 大同大学雁北师范学院学报，2007，23(1):2.

图 4-29 映秀镇二台山安居房鸟瞰图

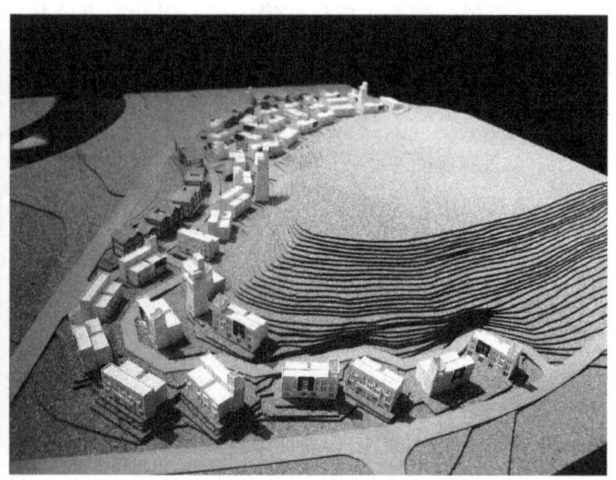

图 4-30 结合地形与传统羌寨的聚落格局的二台山规划模型

图 4-31 二台山安居房风貌分析图

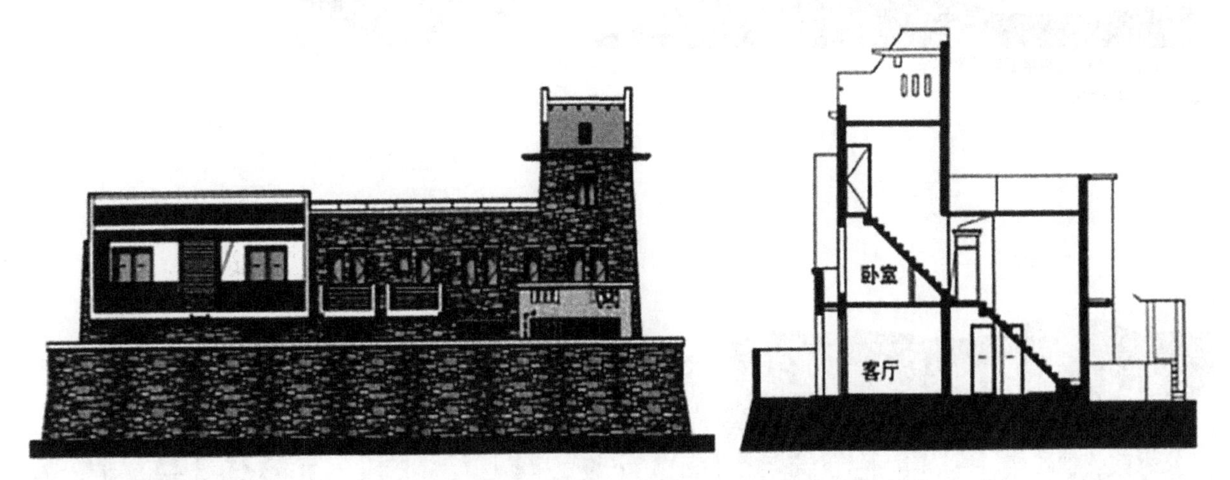

图 4-32 安居房立面图

(a) 石墙与开小窗的处理方法

(b) 石砌挡土墙与院墙搭配汉式建筑

图 4-33 建筑效果图

图 4-34 道路街景效果

(a)

(b)

图 4-35 中滩堡大道街景立面全景

地域内建筑为彰显羌寨特色，丰富空间效果，将碉房、坂屋和邛笼三种具有羌族民居代表的建筑形式放置在设计中。在民居建筑中充分运用碉楼、角塔、石墙、木窗、平屋顶、白石、雉碟、罩楼等。例如，在保留木质挑廊这种羌式建筑特色构件的同时，将其与大小不等的阳台或凸窗结合在一起，在满足功能的同时也创造了多样而丰富的视觉效果；为了保证抗震安全，传统羌族民居的砌体结构与夯土结构在建筑主体中不再适用。尽管如此，在建筑主体中延伸出的围墙台地部分，我们仍旧坚持通过重力式挡土墙的方式保留毛石砌筑的关系。而上部建筑主体外立面的文化石也尽可能采用了与下部毛石相似的色彩肌理以达到和谐一致的效果。在群体山地建筑效果、道路街景效果以及单体建筑效果 3 个层次上尝试传统建筑特色与当代居住模式相结合，最终形成独具风貌特色的山地住宅群体。

2. 北川文化中心

北川文化中心位于新县城东北尽端，由图书馆、文化馆和羌族民俗博物馆三部分组成。用地面积 22438 m^2，建筑面积 14098m^2，其中图书馆 3088m^2；文化馆 3008m^2；羌族民俗博物馆 8002m^2，由中国建筑设计研究院设计完成。

北川文化中心整体布局仿照羌寨聚落，高低错落的屋顶形成的空间形态与四周环境相交融，和谐自然地成为北川县景观轴的有机组成部分，另外，也与城市背景相结合。建筑以大小、高低不同的方楼为单元，构成整体，创造出宛如在羌族村寨中的丰富空间体验。碉楼、坡顶、木架梁等羌族传统建筑元素经过选择、重组、演绎，形成建筑内外空间组织主题，并且强调新功能和新技术的结合（图 4-36 ～图 4-42）。

图 4-36 北川文化中心

图 4-37 连绵起伏的建筑形体组合

(a) 石砌肌理与木质门窗相结合

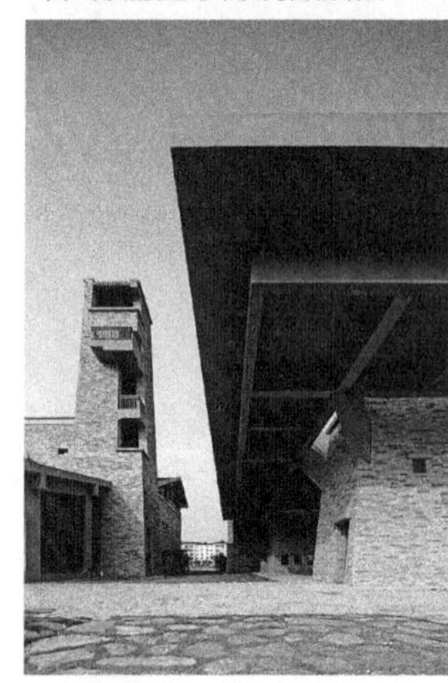

(b) 具有罩楼、挑楼、收分等形态的碉楼

(c) 厚重感的石砌建筑与小窗设计

图 4-38 文化中心建筑羌族特点

图 4-39 街巷空间

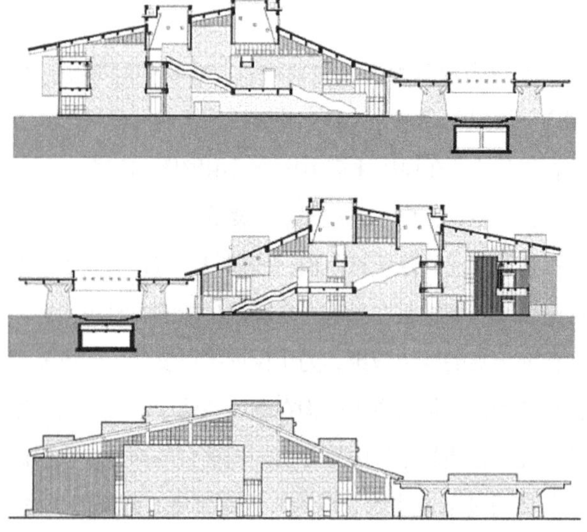

图 4-40 剖面图

(a) 右立面

(b) 后立面

(c) 左立面

图4-41 立面图效果图

图4-42 现代节能绿色屋顶与传统退台相结合

3. 汶川县映秀镇枫香树村安置房

枫香树村位于汶川县映秀镇中心镇区，经过地震浩劫后，枫香树村设计为映秀镇灾后重建居住小区，同时也是防震减灾示范区，经济发展定位为精品旅游村寨。

枫香树村灾后重建项目中各种户型分为 80m^2、100m^2、120m^2、140m^2 分别在地块内布局，沿岷江两岸成条形布置，地块分区合理，其中涉及商业风情街、步行街等节点设计，每户都有自己的商业临街，充分考虑为以后旅游资源的开发做铺垫。

沿街建筑主要展现了川西民居、藏羌风格为主，店铺展示具有民族特色的商品，形成特色的商业风情街。建筑底层为商铺，上层作为安置房，建筑结合旅游发展、观光购物需求做了很多细部的改善。底商门窗加宽，但上层住宅保留了开小窗的建筑特征，窗套上用白石摆放出火纹图案，石砌外墙与木质门窗相结合，形成具有羌族特色的建筑肌理和色彩，建筑顶端依旧保留了勒色的建筑形态，并且围绕一圈回纹图案，增加民族特色。街道中建筑整体高低起伏，退台空间形成了住户良好的休憩平台，也使街道很好地融入自然环境当中（图 4-43 ～图 4-47）。

图 4-43 枫香树村鸟瞰图

图 4-44 汉羌结合的商业街景透视

图 4-46 传统羌族风貌街景透视

图 4-45 独栋居住建筑效果图

(a) 民居建筑效果图

(b) 独栋别墅效果图

图 4-47 居住建筑效果图

4. 北川县尔玛小区

尔玛小区位于新县城西北部，是新北川县的先期启动项目。主要用于满足地震后受灾群众的居住需求，是新北川县安居房的重要组成部分。尔玛小区由中国建筑设计研究院和中国城市规划设计研究院完成，用地面积 $284200m^2$，建筑面积 $421500m^2$，共能容纳3638户居民。小区规划和设计一方面满足居民住房需求，另一方面充分考虑受灾后人民心理需求充分体现了羌族文化特点，尔玛小区规划以小街坊组织空间，贯穿连贯的步行系统，注重居民对居住区的均好性和归属感，形成小区内亲密的邻里关系。较密的道路网也有利于分担交通流量，住宅间的带状绿地巧妙将小区西侧城市公园的景观引入居住区内，将原黄土镇的部分民居、石砵和石桥保留作为景观设施，并设计了羌族跳锅庄舞的小广场。

安居房的户型依据安置住宅的面积规定设计，满足自然通风，采光等绿色标准，注重与北川当地经济发展水平和居民生活习惯相适应。立面设计尊重地域文化特色，提取当地民居汉羌建筑符号，吸收羌族“白石”崇拜的传统，底层为外装饰面砖，顶层为木色涂料，屋顶采用平坡结合的形式，充分体现当地民居的地域特征。

图 4-48 尔玛小区居住建筑

图 4-49 羌族传统石塔“拉克西”组成的组团广场

图 4-50 具有羌族元素的入口设置、羌绣图案融入铺地

图 4-51 新住宅与保留原建筑

4.3 意象创作手法——现代演绎型

建筑的形式是由抽象的几何形体构成的，以几何形式为基础加以装饰加工或重组变化形成建筑独有的风貌。因此在创造羌式建筑风貌时，某些想法构思、理念、文化底蕴或情感的表达无法像绘画、雕塑等具体、写实，需要通过意向的方式来表达，展示出建筑具有的文化价值、审美价值等，从而体现出建筑的地域性、民族性和时代性。归纳总结羌式建筑的模式语言，特殊的符号、造型、装饰等隐喻和表征一些文化上的或民族上的意义，做到由“象”到“意”的转化。成为意象的建筑语言模式，提升审美价值和建筑内涵。

4.3.1 建筑风貌的文化性

在现代经济与文化不断发生变革的城镇化时代，建筑设计和传统文化的“接口”十分重要，要成功地反映羌族地区的文化特色，必然要求我们以透视历史的客观性及界定文化特色的逻辑性，对羌族地区的本土文脉进行深层诠释和系统梳理。羌族地区的民居风貌与其文化的积淀有着直接的因果承袭关系，需要透过空间物质形体与民俗表象，深层地探究其中的文化内核，追寻先民们所固守的文化精神，这样方能正本清源、参悟流变。

作为文明的重要标志和载体，羌式建筑是羌族文化的具体体现，传达了羌族的地域特色，反映不同时期社会人文特征，形成了特色鲜明的羌式建筑符号。这些符号所传达的内涵与意义、文化与精神意向等是在羌族人民千百年来的生活生产实践中形成的，成为我们当下了解探索和保护传承的重要途径。现代羌式建筑理念更是包含了对建筑文化性的传承与发展。

1. 引用

在现代羌式建筑创作和设计中结合当下建筑新的使用标准、社会需求 、大众审美，引用传统特色鲜明的建筑符号，传递民族信息、地域文化的方法融入现代建筑中，展现建筑的文化特质，传递民族特色。引用的创作手法可以是引用建筑某个局部构件、民族图案纹样或建筑造型中的某个片段等，满足能够代表传统文化和地域风格的建筑要素，易于大众解读和理解，同时必须使受众群体满意，并具有认同感。例如，成都金沙博物馆主馆建筑中庭，以“太阳神鸟”符号组织空间，图腾纹样印于中庭顶部，光影投射在弧形墙壁上，营造出静思冥想的空间氛围，具有文化象征的意义，整体形成十分强烈的民族感。

2. 拓扑

拓扑的原意是指研究几何图形或空间在连续改变形状后还能保持不变的一些性质的一个学科。它只考虑物体间的位置关系而不考虑它们的形状和大小。在意象的建筑创作手法中拓扑表达的是建筑符号“万变不离其宗”的思想。即使经历社会的发展、时代变迁，但建筑中基本的关系和要素特征是稳定的，对建筑模式语言进行适宜当代审美要求和技术的调整，依旧可以运用在现代建筑中，这也是对建筑符号很好的传承。

3. 夸张

基于前两种创作手法，对传统建筑模式语言结合现代建筑创作的尺寸、比例、材质、标准要求等方面的考虑，进行调整和放大，强化突出建筑符号的形象特征，放大其传达的意象表达，更加直接地呈现出建筑风貌的文化性。

4.3.2 建筑风貌的地域性

中国科学院院士彭一刚先生认为，现代建筑手段和建筑的民族性、地域性特征的复杂关系可以概括为地域建筑现代化、现代建筑地域化。即地域建筑不能被地域性的材料和技术所局限，可以应用所有成熟技术，人们的生活环境需用现代化的手段来不断更新和改善；同时现代建筑应该满足人类对于文化和历史心理的要求，可见对地域文化的追求和对现代生活质量的保障之间并没有任何矛盾，必须在两者之间寻找一个平衡点[1]。

建筑的基本问题是涉及建筑的基本功能、空间功能、材料使用、结构选择、建造方式、生活习俗等多方面制约建筑设计的种种基础性的元素。对于地域性建筑的创作要做好对地域环境气候条件的分析，地方生活习惯、生活方式的分析以及民风民俗等，同时还可以借鉴和分析当地典型的建筑空间特点，通过理性的创作来构筑和建造符合以上分析结论和特点的建筑功能空间，确定建筑风貌、材料以及环境特征等环节，最终达到地域性建筑创作的目的，完成建筑设计。

民居建筑是传统建筑地域文化特色的主要载体，在聚落形态、建筑布局、结构材料、形体风格、装饰装修等方面都形成了自己的特色，呈现多元化的面貌。羌式建筑是典型的山地建筑，自然环境独具特色，民族发展历经变迁。在展现建筑地域性的创作中，应注重在自然环境主导下的建筑风貌设计，气候地形适应的共生性原则，以及羌族地域文化的展现。用意向的创作手法使居民获得更多的归属感和场所感，同时促进民族地区的“可持续发展”。

1. 尊重自然，持续发展的营建理念

羌式建筑集中地区地形地貌复杂，羌族聚落与周围环境共生共荣，在利用自然、适应环境方面积累了丰富的经验。如羌式建筑的退台、收分等顺应自然的建筑风貌。利用宝贵的土地开垦耕种，建筑布局随行就市、变化丰富。村寨与自然和谐、自然、共生。秉承尊重自然、顺应自然、保护自然的建造原则，使羌式建筑的发展在展现地域性的同时更加持续的发展。

2. 就地取材，因地制宜的建造技术

对于羌族聚居的地区来说，地形地貌和社会环境促使建筑营建保持了就地取材，因地制宜的基本原则。不同的地理环境造就了丰富多样的营建技术和不同形式风格，不同地区的建筑材料和结构形式的差异源于当地的自然资源和适宜的技术手法，考虑建筑防震减灾、地貌环境的和谐介入，生土材料的再利用等展现了地域性的建筑风貌。如羌式建筑石材、木材、边玛草、土质等材料的运用和建筑挑楼、吊脚楼、爬山楼、碉楼、纳萨、罩楼等等技术手法体现了羌族人民的智慧和地域特点。

3. 兼收并蓄，民族特性的风貌传承

羌族发展历史中吸收融入了许多其他民族的文化特征和建筑形式，总结归纳羌式建筑发展历史可以说今天的羌式建筑是窑洞、帷幕和干阑式三者的混合体。由于民族迁移、文化交流呈现出多元化面貌，羌式建筑形成了兼收并蓄、丰富多样的共性特征，体现羌族共同的历史与宗教文化，以及传统生活方式的延续与地域文化的传承。

4.3.3 建筑风貌的时代性

我国建筑的研究经过数百年的创作实践，从最早的仿照古代建筑部分构件形式，如建筑屋脊、门窗等，到逐渐仿用古代建筑材料，如琉璃瓦、砖材等，现在更多的是在建筑形式中运用古典的符号和图案隐喻文化的时代特征。与此同时，也更多地考虑空间关系、城市规划思想、文化内涵和哲学理论，使建筑在整体上具有时代特色，创作思想和方法层层递进，不断提高。 随着社会多元化、信息化的发展，现代羌式建筑也应注重时代性的发展。

1. 刁建新 . 文化传承与多元化建筑创作研究 [D]. 天津：天津大学，2010.

1. 新技术的利用

现代建筑与传统建筑相比，最明显的表现在于技术的差异，在使用功能、结构形式、便捷性需求和绿色性功能等方面存在巨大变化。羌式传统建筑在日照、通风、采光、节能等一系列问题上存在很多问题，现代建筑中就需要对这些问题积极响应。以气候适应性手法结合现代建筑建造技术，解决传统建筑居住舒适性问题，发展绿色建筑，提高生活质量。

2. 创新理念的融入

随着我国城市化进程不断加快，越来越多的城市规划理念、建筑设计思想不断涌现。建筑设计和空间营造更多采用创新的现代设计理念，用当代人能够接纳的感官体验来表达环境。注重场所精神塑造的价值，不同建筑给人不同的心理感受和体验。

3. 整体文脉的时代延续

现代羌族主要聚居在四川地区，对于现代羌式建筑的塑造要注重依托现有资源，整体布局规划，打造民族性、地域性、时代性的文化坐标。通过对建筑和建筑群落的规划布局与当地历史文脉相契合，使建筑不仅体现自身价值，更是面对一个城市、一个民族的个性展示。

4.3.4 现代演绎型建筑案例

现代演绎型建筑主要为行政、文化、教育类的城市公共建筑，分布于城市的重要空间节点，是一个城市建筑文化的重要载体。

建筑应该注重形式、材料、技术以及空间表达的创新、避免突兀、单一、体量大的建筑出现，大型建筑可以采用建筑群体的形式设计，注重建筑形象协调和周边环境的协调。但发挥创新的同时也要保留民族文化底蕴，建筑色彩视觉感官还是要强调民族文化的传递。门窗、装饰以及细部刻画应以传统元素为原型依据加以提炼、抽象。建筑设计同时整合景观设计，统筹考虑室内外空间过渡和协调，建筑元素和景观元素的统一与呼应，充分展现建筑风貌的文化性、地域性和时代性。

1. 北川广播电视中心

广播电视中心位于新北川县城中心区北部，建筑布局呈“L”形，五层办公建筑南北向布置，对外功能部分沿永昌大道布置，整体形成半围合状面向西面湖面的公共广场。建筑由山东同圆设计集团有限公司设计，建筑面积3507m^2，用地面积2900m^2（图 4-52）。

建筑造型是羌族传统建筑形态的现代演绎，整体仿照羌族民居加碉楼的形式，转播塔造型是碉楼形体的提炼，成为整栋建筑的突出部分。建筑的比例、收分，以及洞口的设置将转播塔的实际功能需求和羌族传统碉楼形式结合在一起。旁边依附的办公部

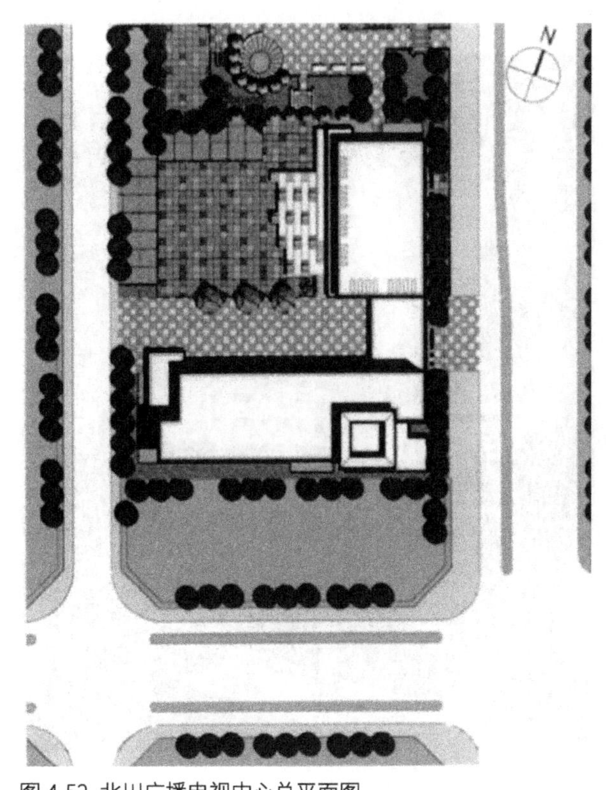

图 4-52　北川广播电视中心总平面图

（a）广播电视中心建筑形态

（b）传统羌族民居与碉楼

图 4-53 演绎型建筑形态

图 4-54 广播电视中心

分似羌族民居，两者相互映衬，形成高低错落的建筑形态。

建筑结合传统羌族建筑出挑的吊脚楼、过街楼以及退台的建筑形式进行结合和重新组合演绎。室外楼梯的设置、建筑高低错落形成的平台使建筑更加具有地域性。细部刻画采用羌族装饰图案使建筑更加丰富多彩，外墙底部采用青灰色的石片纹理贴面，上部颜色涂刷明度较暗的黄色，建筑顶部粉刷有一圈白色的装饰，展现了羌族对白石崇高的敬仰，使建筑整体更加具有民族特色。悬挑部分墙面设置电子屏幕，转播塔的金属构造使得建筑更加具有现代感。广播电视中心将传统羌族建筑元素进行提炼、抽象、变形，形成完美的演绎（图 4-53 ～图 4-55）。

(a) 广播电视中心建筑形态

(b) 传统羌族建筑退台形式

图 4-55 建筑退台形态对比

图 4-56 北川抗震纪念园

2. 北川抗震纪念园

北川抗震纪念园位于北川县曲山镇任家坪，是北川新县城灾后重建、抗震精神的重要标志场所（图 4-56）。

规划设计反映了地震、救灾、重建的整个过程，以“静思园”“英雄园”“幸福园”的组合体现了“追思灾害”“纪念抗震”和“展现幸福”的设计定位。

抗震纪念园用地面积 57000 m^2，总图由中国城市规划设计研究院完成。纪念园规划设计以一种“实纪”的方式，通过建筑、雕塑与环境整合为一体的设计系统表达一种精神思想。自然的威胁和地震的力量

图 4-57 英雄园

图 4-60 幸福园展馆立面图

图 4-58 羌式建筑风貌的现代演绎

图 4-61 幸福园展馆

图 4-59 展馆剖透视图

激活了一种久违的精神，一种民众团结的力量，一种众志成城伟大精神的聚集，一种在场所精神重构中实现一个国家精神的重塑，一种“改天换地”和重聚家园的决心（图 4-57～图 4-59）。

纪念园中建筑以一个“基本模块”纵向起伏和横向矩阵式排列组合，经过一系列的点、线、面、体的组合，以单元的重复、生长和渐变控制着一种自然律动，群山间树林般的柱群和“塔林”形成“羌塔”意象，正是象征着一个不朽的与自然同在的羌寨，一个在花海与群山之间生机盎然的新羌寨。

展馆建筑使用当地材料，外部以青石、白石为主，以地方特点的材料搭配实现建筑设计的意图；室内使用石材和木材，将建筑外环境延续至室内，同时又不乏亲切之感。整体设计采用“白石”造型，呼应羌族人民对白石的崇敬，同时造型富有设计感，简洁纯净，突出抗震纪念园的主题，以意象的创作手法表达传统羌族文化，暗喻“神圣”“吉祥”“庇护”，成为对新北川的美好祝愿。开敞的景观平台与广场绿地相结合，给人以安静、舒适、和谐的公共空间环境，烘托幸福园的祥和氛围，表达对未来新生活的希望与憧憬。

3. 北川县人民医院

北川县人民医院位于新县城西北部，平面布局充分考虑到城市规划的要求以及医院的地理位置，新医院建设用地四周均为城市道路，西侧为城市主干道新川路，东侧为东纵六路，合理设置出入口，满足人流疏散（图 4-62）。

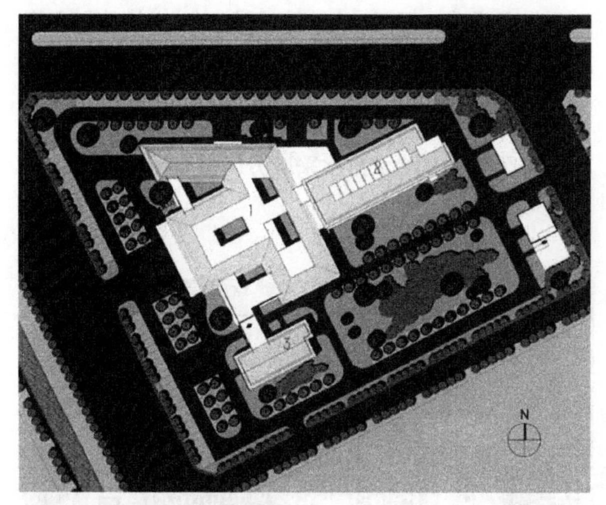

图 4-62 人民医院总平面图

建筑采用鱼骨式布局，以两条宽度不同的医疗街串联起门诊、医技、病房等功能单元，整体呈枝状分布。布局清晰，寻找方便，减少病患焦虑感。建筑采用横向布局的方式，尽量削弱了建筑的体重感，给人一种舒适、稳定的感觉（图 4-63）。

人民医院作为羌族自治县的现代建筑，采用了许多传统羌式建筑风貌特征，在满足医院的基本功能要求的基础上，将建筑风貌做到更具地域性、文化性和现代感。

从整体上看，建筑单元高低不同，虚实相间，形成具有羌寨聚落感的建筑群，很好地与周围环境相融合。建筑顶部采用坡屋顶，颜色以深灰色为主，相间有低明度的黄色，形成羌寨青瓦屋顶的视觉效果。建筑外墙采用大面积的黄灰色，具有羌式建筑特色，辅以部分玻璃幕墙相结合，整体风貌既有传统民族韵味

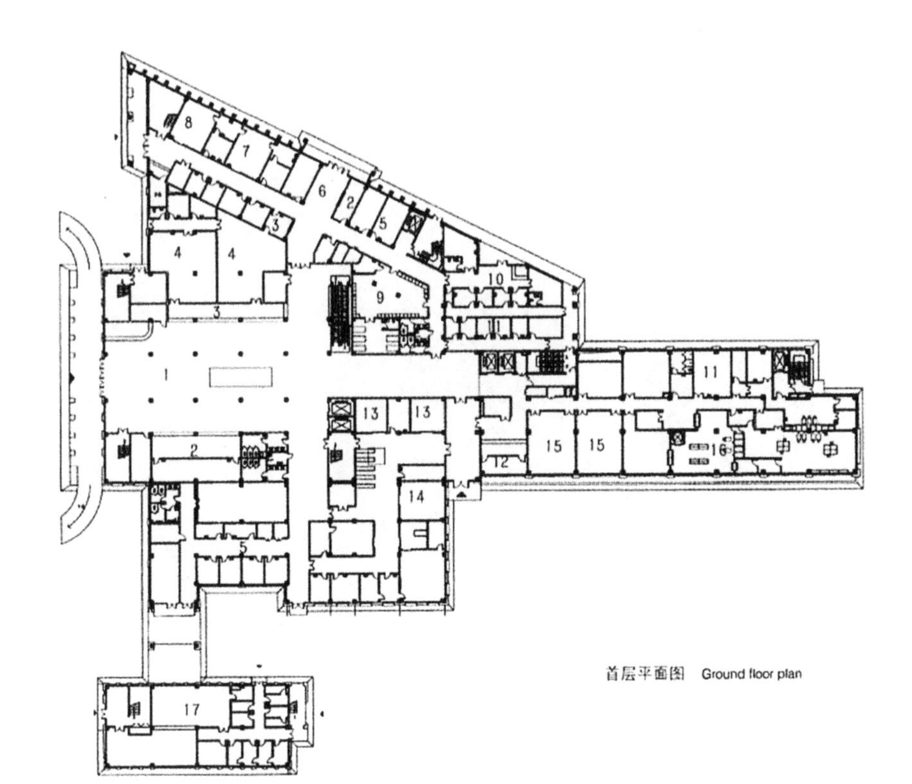

图 4-63 人民医院首层平面图

又不失现代感。同时，细部使用灰砖、木构件和小窗的形式，改变了医院建筑固有的形象。

医院内部空间分配合理，更加注重人们心理感受，功能分区明确。给水排水采取分区供水形式，空调系统结合当地气候条件来选用，各个方面都饱含了现代科技和规划的使用，使医院不仅洁净、美观、具有特色，更使建筑本身节能绿色（图 4-64，图 4-65）。

图 4-64 人民医院整体风貌

图 4-65 北川县人民医院正立面

第5章　现代羌式建筑风貌创作的实践

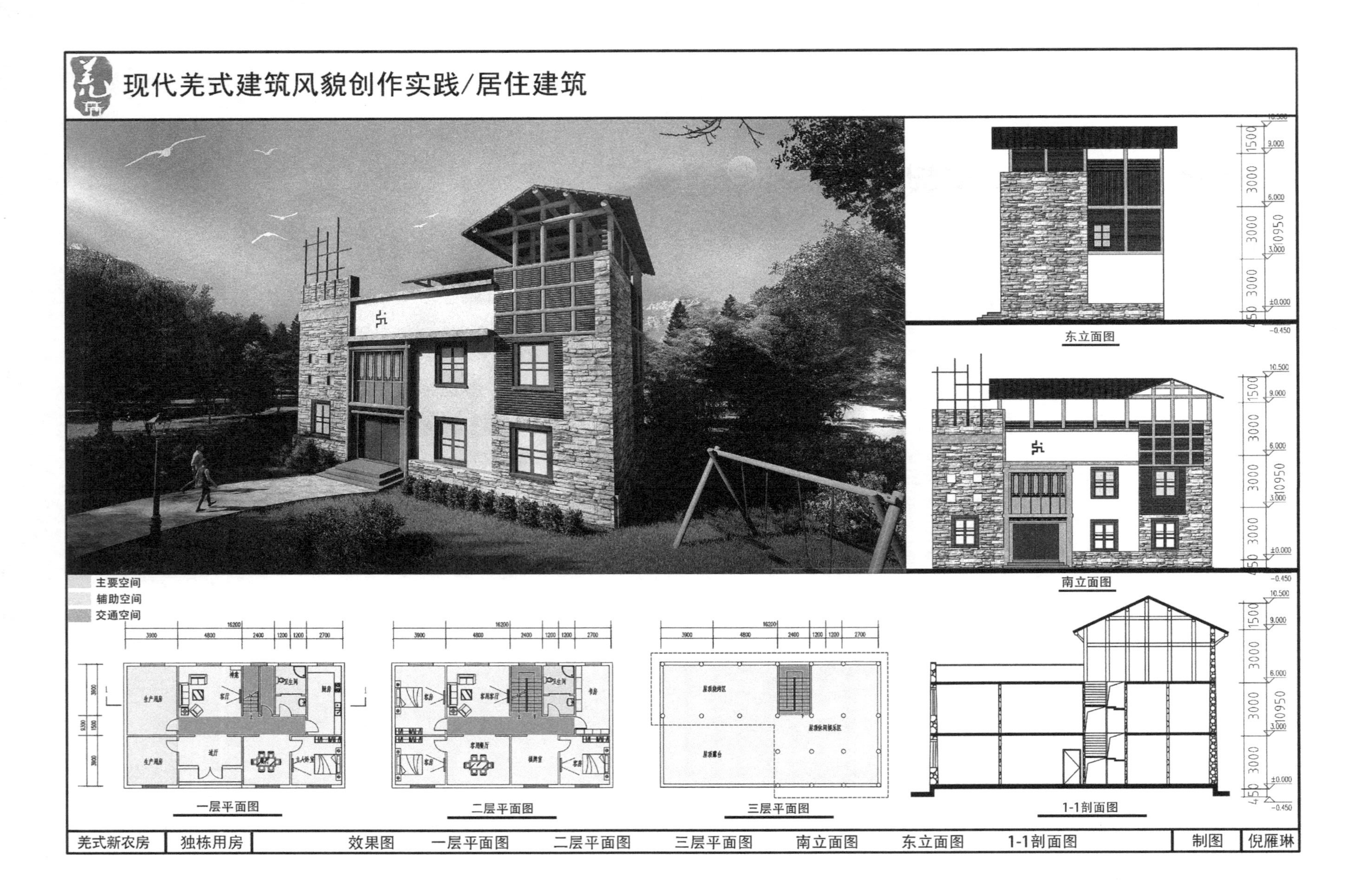
现代羌式建筑风貌创作实践/居住建筑
东立面图
南立面图
主要空间
辅助空间
交通空间
一层平面图
二层平面图
三层平面图
1-1剖面图
羌式新农房
独栋用房
效果图
一层平面图
二层平面图
三层平面图
南立面图
东立面图
1-1剖面图
制图
倪雁琳

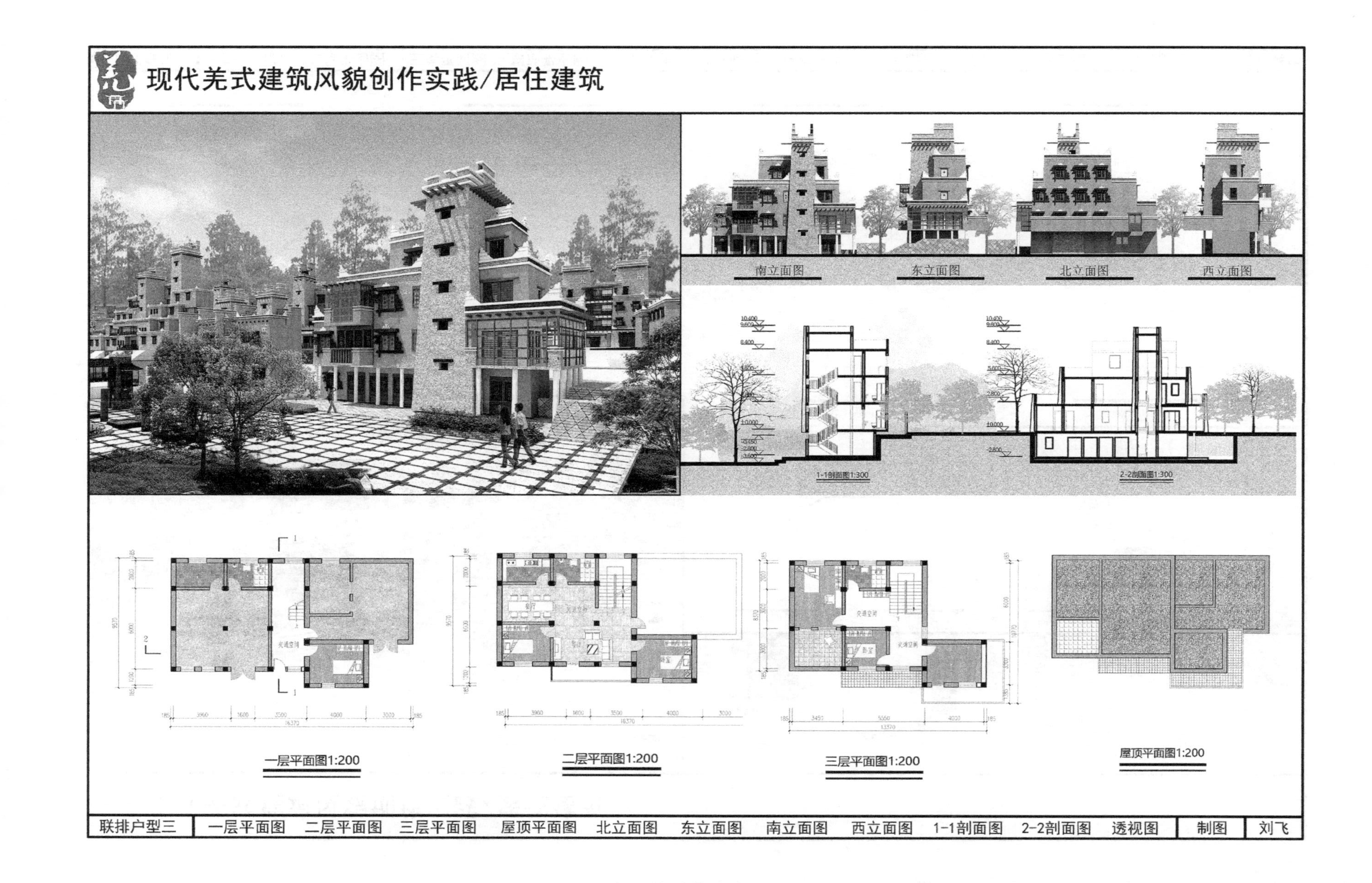
现代羌式建筑风貌创作实践/居住建筑
南立面图
东立面图
北立面图
西立面图
1-1剖面图1:300
2-2剖面图1:300
一层平面图1:200
二层平面图1:200
三层平面图1:200
屋顶平面图1:200
联排户型三
一层平面图
二层平面图
三层平面图
屋顶平面图
北立面图
东立面图
南立面图
西立面图
1-1剖面图
2-2剖面图
透视图
制图
刘飞

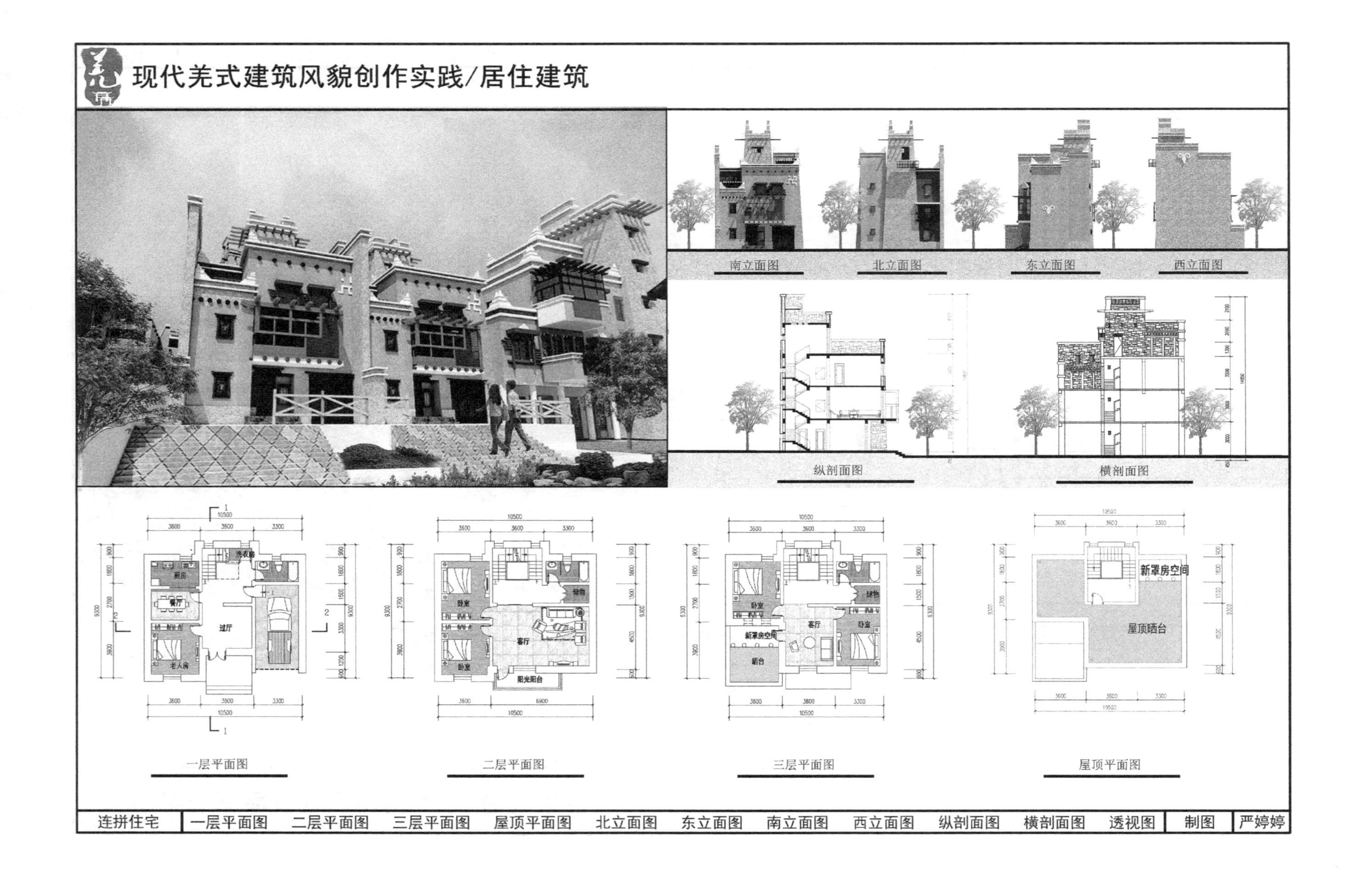
现代羌式建筑风貌创作实践/居住建筑
南立面图
北立面图
东立面图
西立面图
纵剖面图
横剖面图
洗衣房
厨房
餐厅
过厅
老人房
卧室
储物
客厅
阳光阳台
新罩房空间
晒台
屋顶晒台
一层平面图
二层平面图
三层平面图
屋顶平面图
连拼住宅
一层平面图
二层平面图
三层平面图
屋顶平面图
北立面图
东立面图
南立面图
西立面图
纵剖面图
横剖面图
透视图
制图
严婷婷

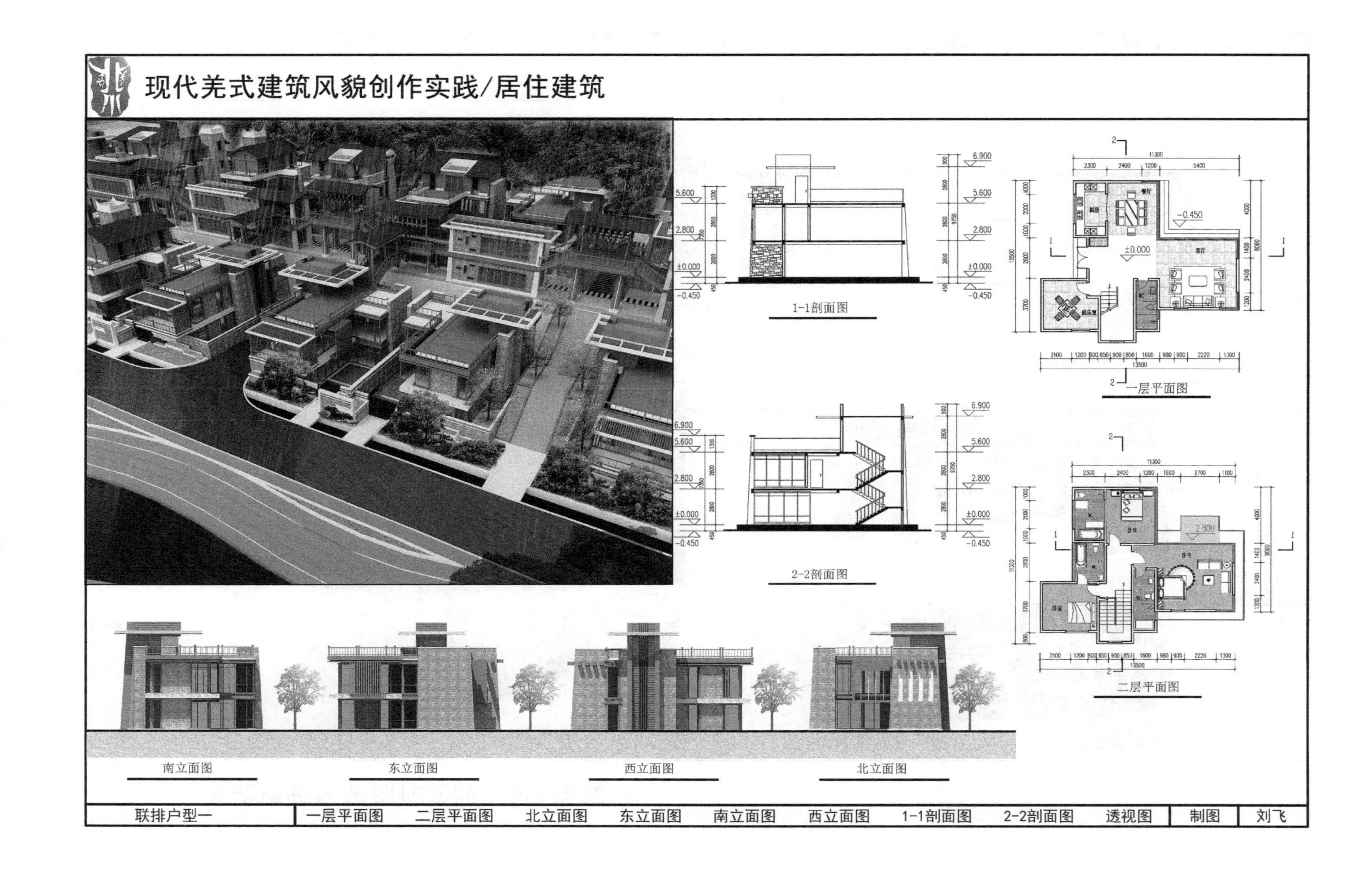
现代羌式建筑风貌创作实践/居住建筑
1-1剖面图
一层平面图
2-2剖面图
二层平面图
南立面图
东立面图
西立面图
北立面图
联排户型一
一层平面图
二层平面图
北立面图
东立面图
南立面图
西立面图
1-1剖面图
2-2剖面图
透视图
制图
刘飞

现代羌式建筑风貌创作实践/居住建筑
南立面图
北立面图
西立面图
南立面图1：200
北立面图1：200
一层平面图
二层平面图
1-1剖面图
2-2剖面图
联排户型一
一层平面图
二层平面图
北立面图
南立面图
西立面图
1-1剖面图
2-2剖面图
透视图
制图
刘飞

现代羌式建筑风貌创作实践/居住建筑
南立面图
东立面图
北立面图
西立面图
一层平面图
二层平面图
三层平面图
2-2剖面图
联排户型三
一层平面图
二层平面图
三层平面图
北立面图
东立面图
南立面图
西立面图
2-2剖面图
透视图
制图
刘飞

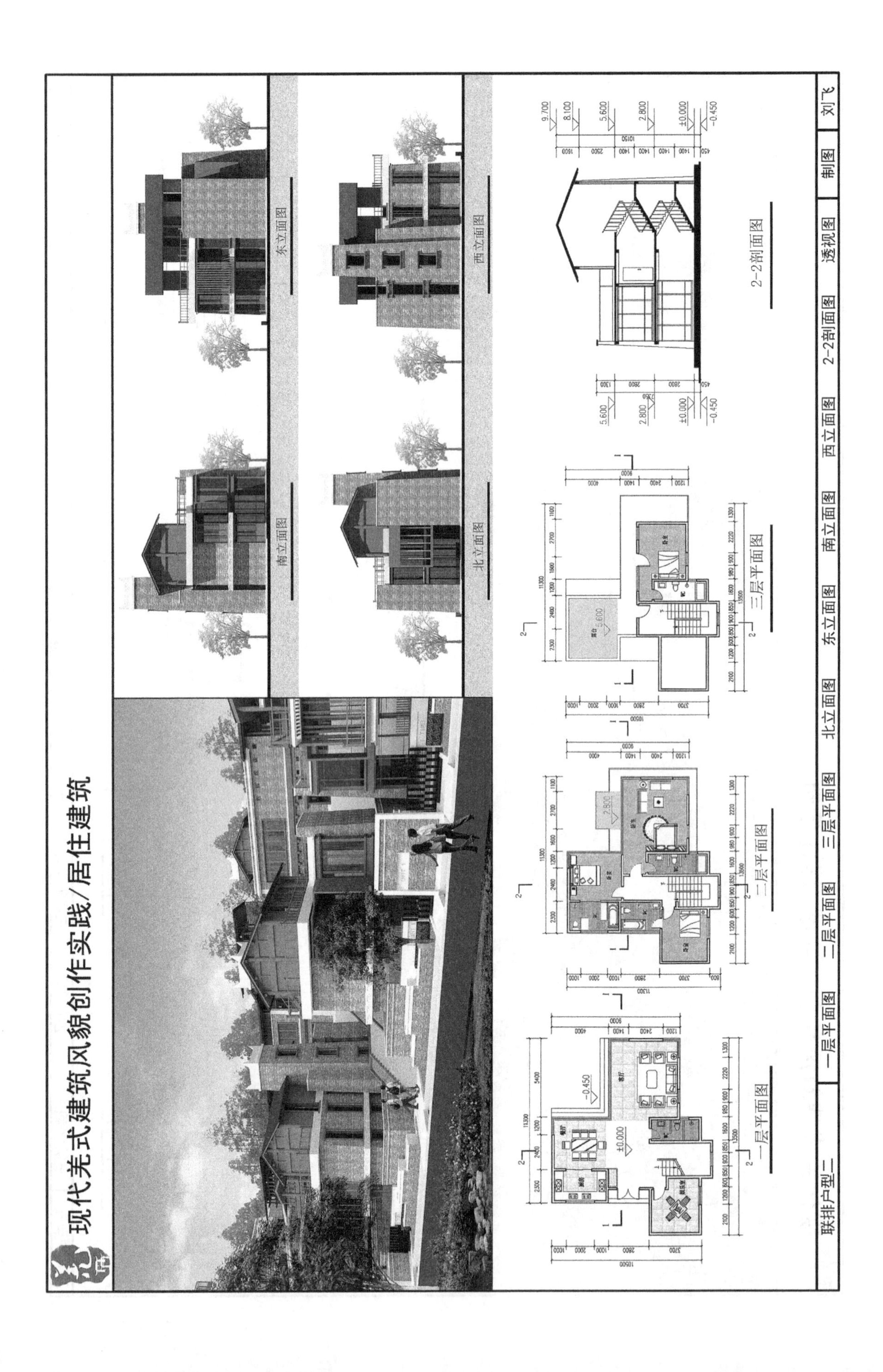
现代羌式建筑风貌创作实践/居住建筑
东立面图
南立面图
西立面图
北立面图
2-2剖面图
一层平面图
二层平面图
三层平面图
联排户型二
一层平面图
二层平面图
三层平面图
北立面图
东立面图
南立面图
西立面图
2-2剖面图
透视图
制图
刘飞

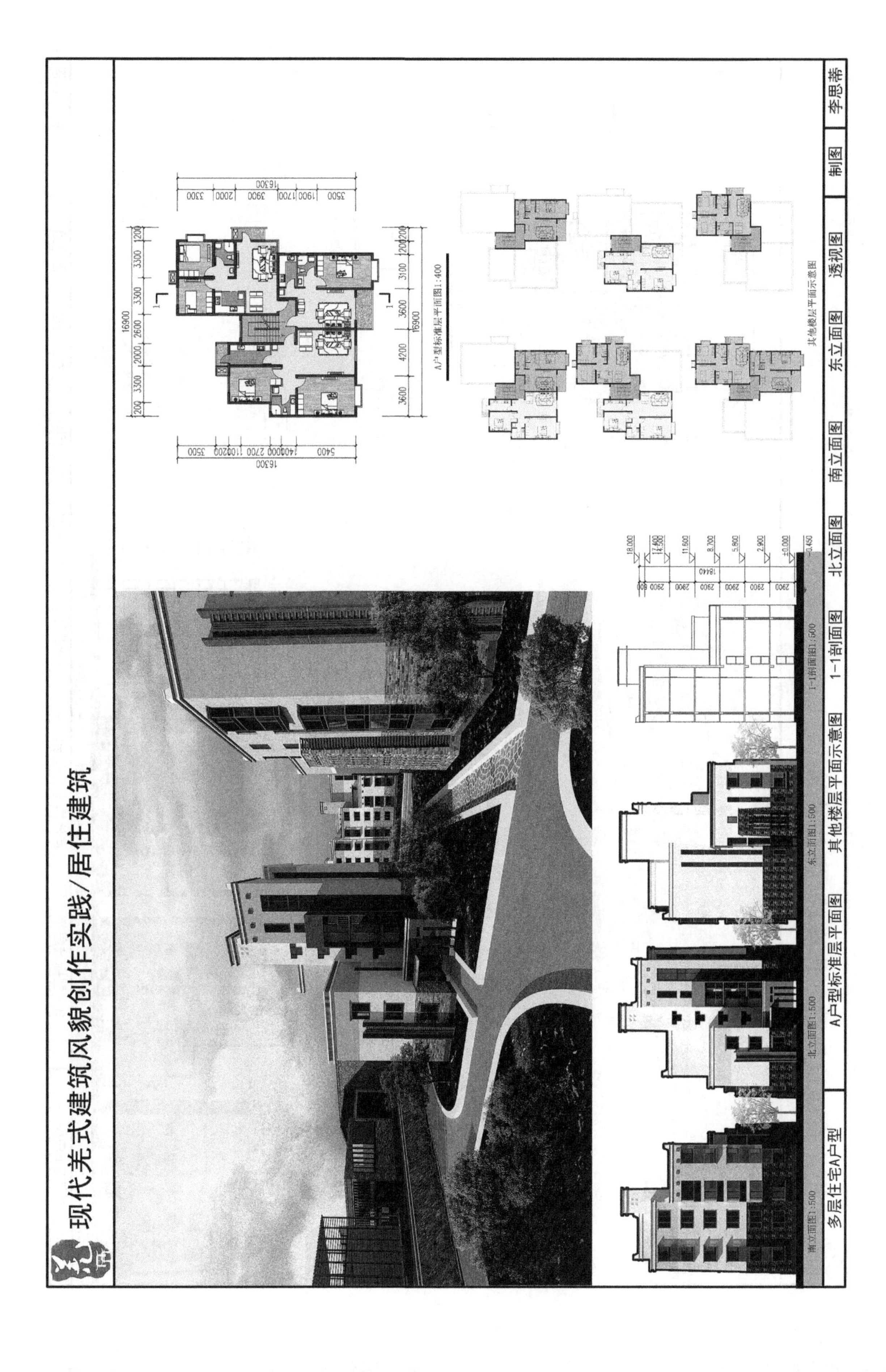

现代羌式建筑风貌创作实践/居住建筑
多层住宅A户型
A户型标准层平面图
其他楼层平面示意图
1-1剖面图
北立面图
南立面图
东立面图
透视图
制图
李思蒂
南立面图1:500
北立面图1:500
东立面图1:500
1-1剖面图1:500
A户型标准层平面图1:400
其他楼层平面示意图

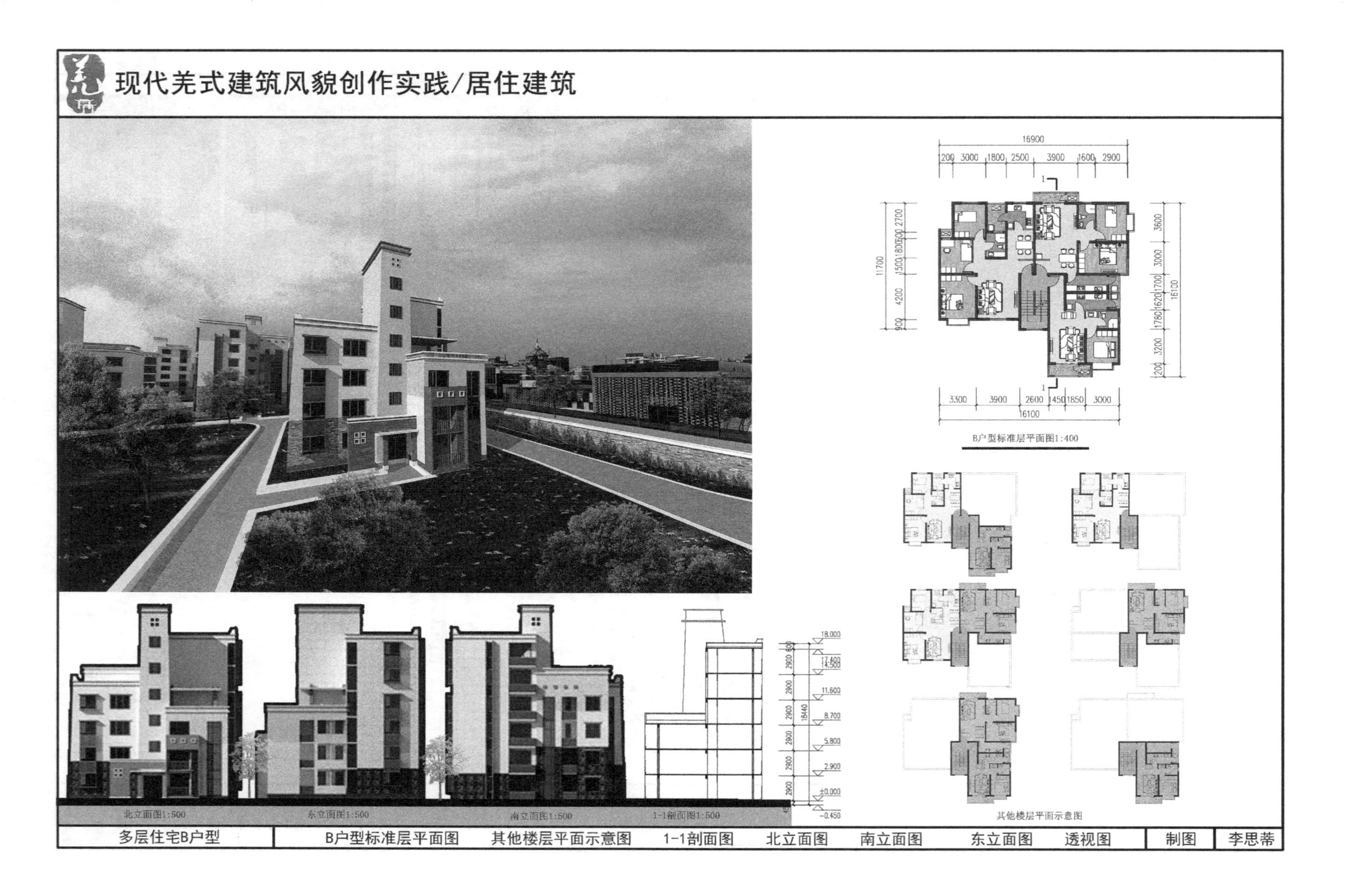
现代羌式建筑风貌创作实践/居住建筑
B户型标准层平面图1:400
其他楼层平面示意图
北立面图1:500
东立面图1:500
南立面图1:500
1-1剖面图1:500
多层住宅B户型
B户型标准层平面图
其他楼层平面示意图
1-1剖面图
北立面图
南立面图
东立面图
透视图
制图
李思蒂

现代羌式建筑风貌创作实践/居住建筑
正立面图
侧立面图
1-1剖面图1:400
一层平面图 1:400
二 三 四 五层平面图 1:400
六层平面图 1:400
阳台
客厅
主卧
卧室
餐厅
厨房
多层住宅设计
一层平面图
二 三 四 五 层平面图
六层平面图
正立面图
侧立面图
1-1剖面图
制图
李千东

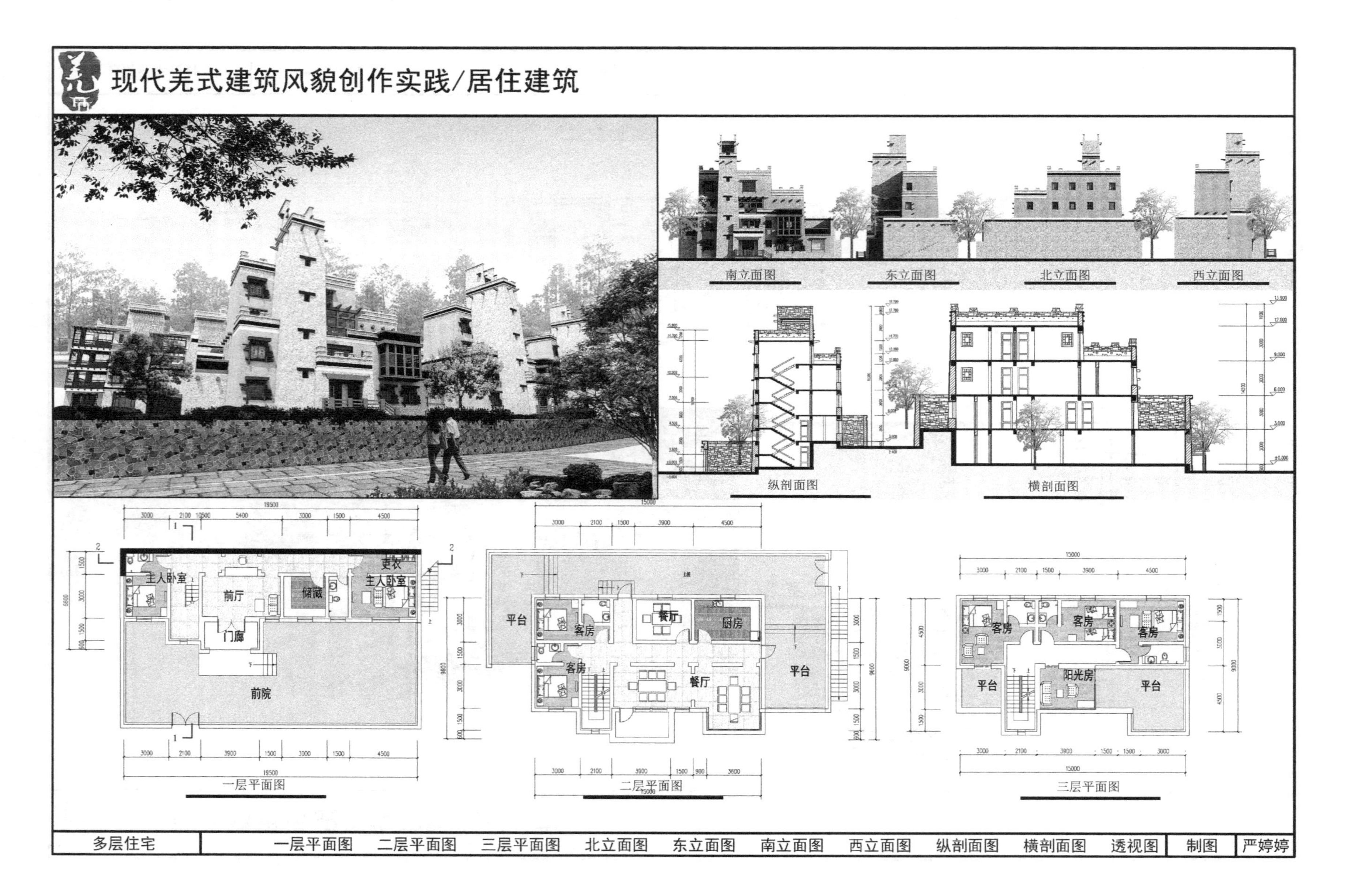

现代羌式建筑风貌创作实践/居住建筑
南立面图
东立面图
北立面图
西立面图
纵剖面图
横剖面图
主人卧室
前厅
储藏
更衣
主人卧室
门廊
前院
一层平面图
平台
客房
餐厅
厨房
客房
餐厅
平台
二层平面图
客房
客房
客房
平台
阳光房
平台
三层平面图
多层住宅
一层平面图
二层平面图
三层平面图
北立面图
东立面图
南立面图
西立面图
纵剖面图
横剖面图
透视图
制图
严婷婷

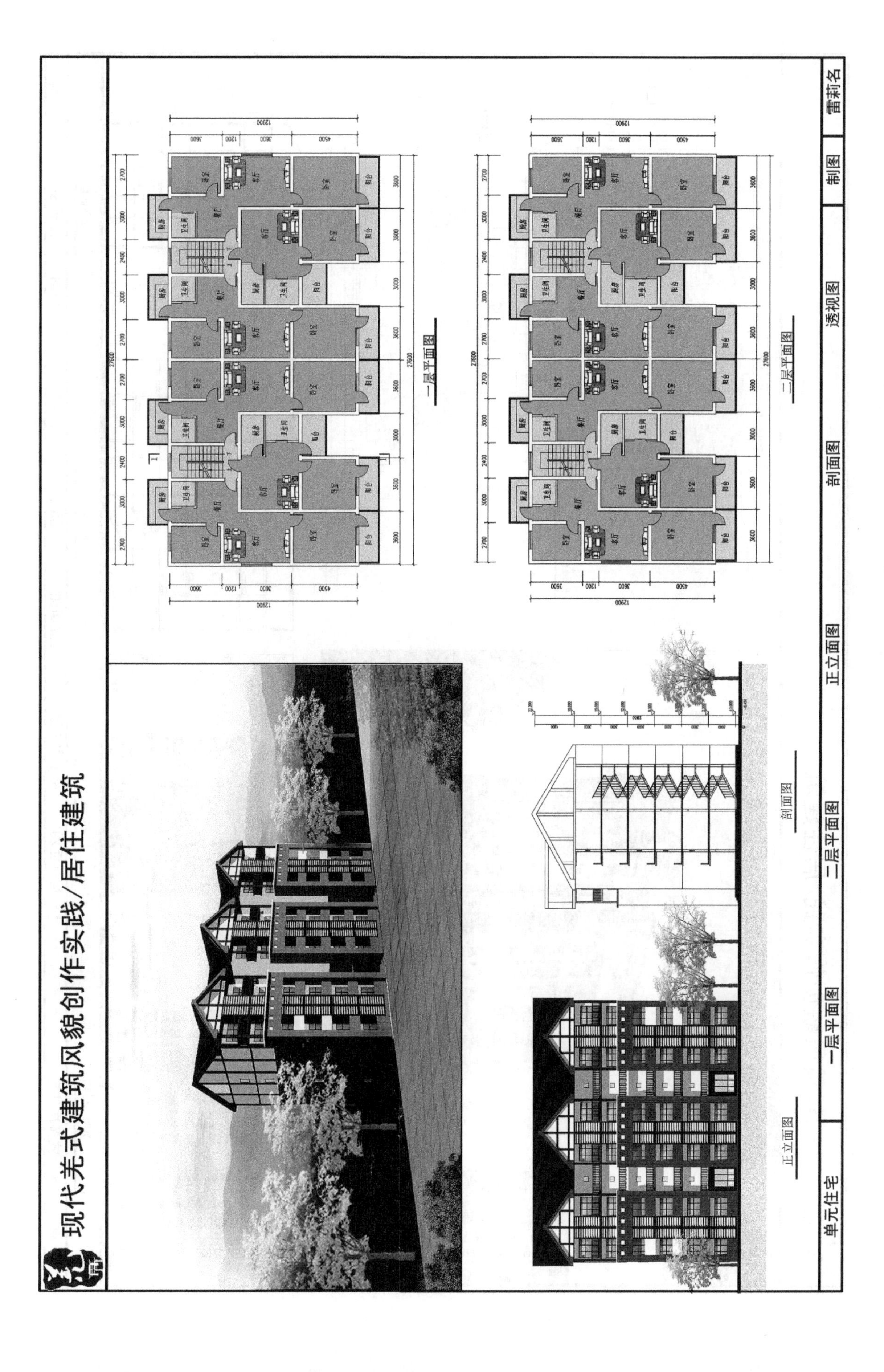
现代羌式建筑风貌创作实践/居住建筑
一层平面图
二层平面图
正立面图
剖面图
单元住宅
一层平面图
二层平面图
正立面图
剖面图
透视图
制图
雷莉名

现代羌式建筑风貌创作实践/居住建筑

辅助空间

主要功能空间

交通空间

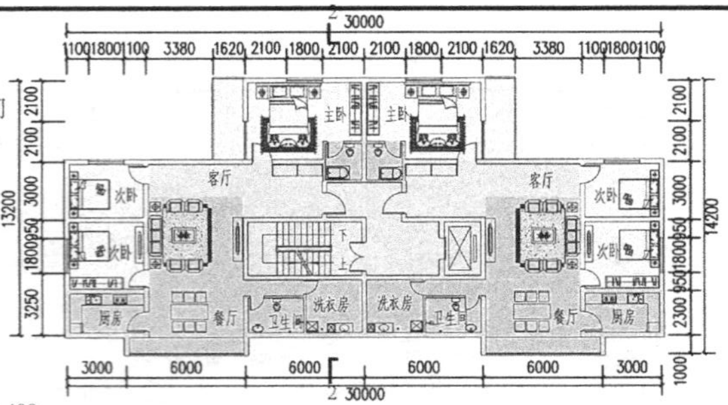

30000

1100 1800 1100 3380 1620 2100 1800 2100 2100 1800 2100 1620 3380 1100 1800 1100

2100 2100 3000 950 1800 950 2300 1000 14200

2100 2100 3000 1800 950 3250 13200

主卧 主卧 客厅 客厅 次卧 次卧 次卧 次卧 餐厅 餐厅 厨房 厨房 卫生间 卫生间 洗衣房 洗衣房

3000 6000 6000 6000 6000 3000

标准层平面图 1:400

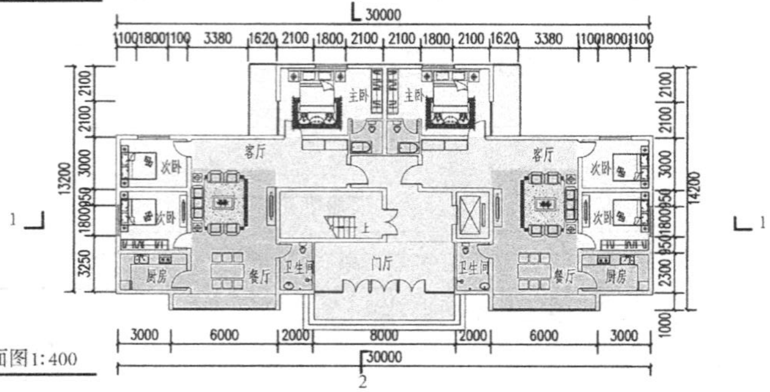

30000

1100 1800 1100 3380 1620 2100 1800 2100 2100 1800 2100 1620 3380 1100 1800 1100

主卧 主卧 客厅 客厅 次卧 次卧 次卧 次卧 餐厅 餐厅 厨房 厨房 卫生间 卫生间 门厅

3000 6000 2000 8000 2000 6000 3000

一层平面图 1:400

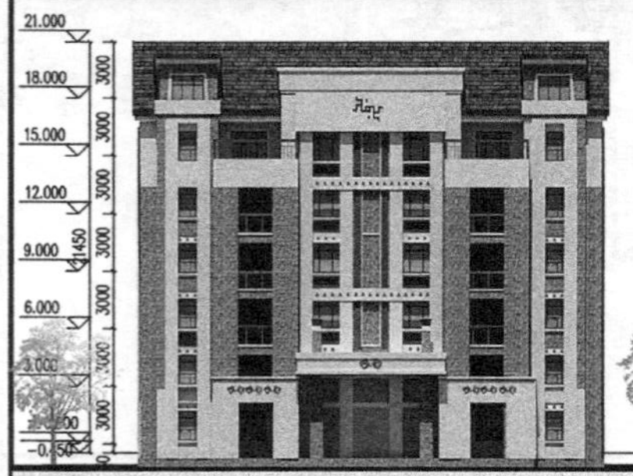

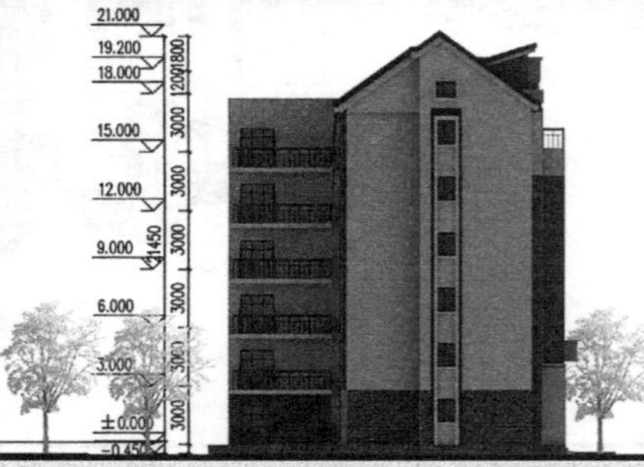

21.000 19.200 18.000 15.000 12.000 9.000 6.000 3.000 ±0.000 -0.450

北立面图

东立面图

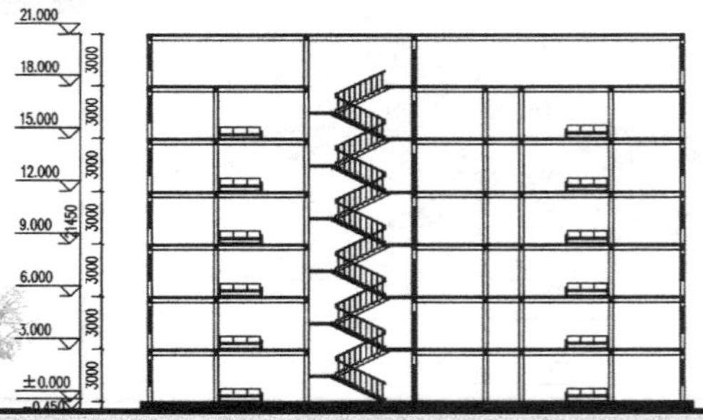

1-1剖面图

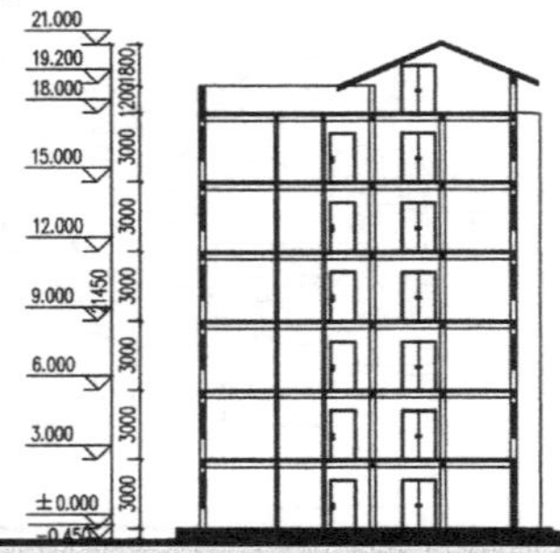

2-2剖面图

单元式多层住宅	一层平面图	标准层平面图	北立面图	东立面图	1-1剖面图	2-2剖面图	透视图	制图	刘佳

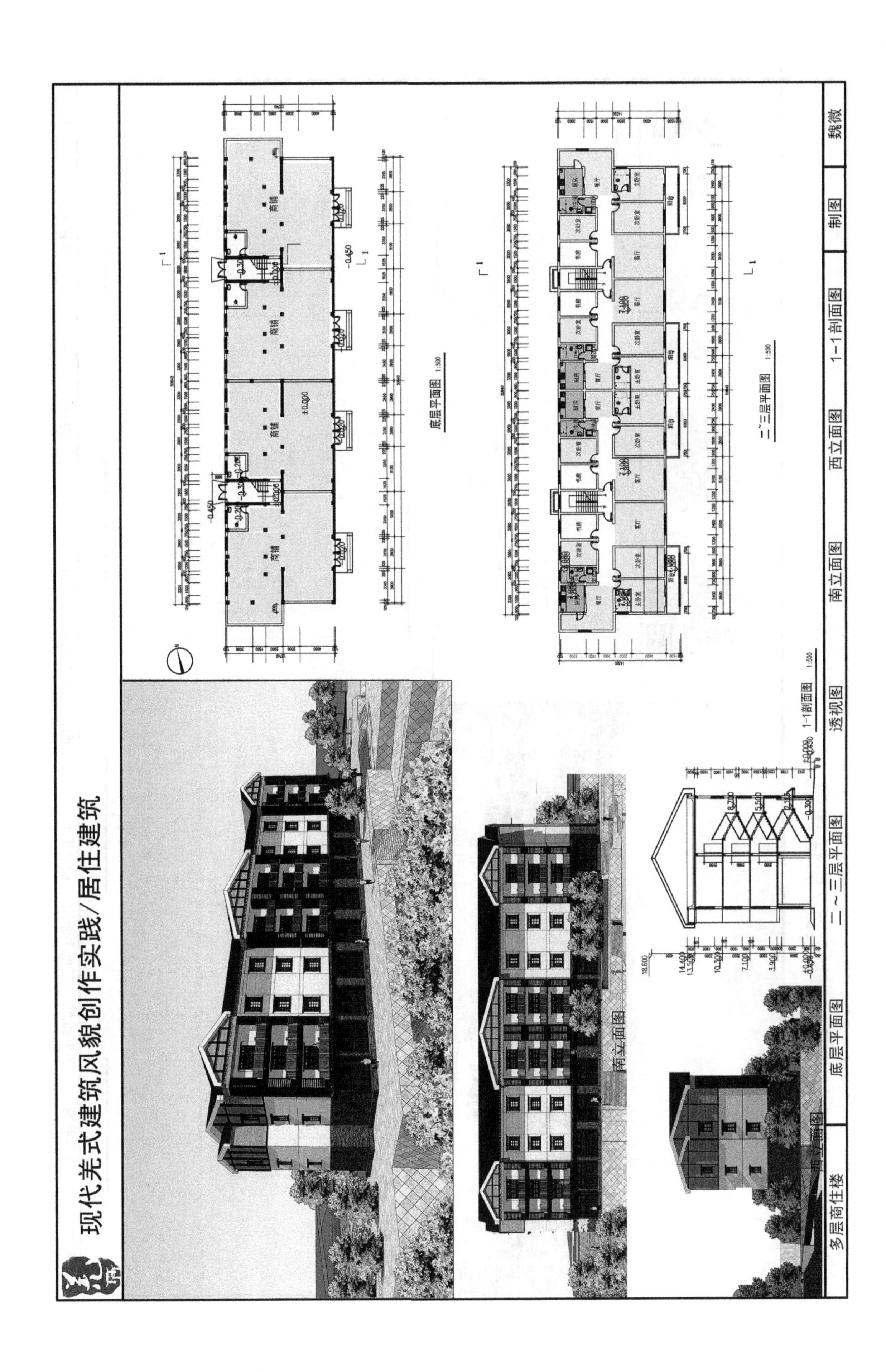
现代羌式建筑风貌创作实践/居住建筑
多层商住楼
底层平面图
二～三层平面图
透视图
南立面图
西立面图
1-1剖面图
制图
魏薇

现代羌式建筑风貌创作实践/居住建筑
南立面图
北立面图
东立面图
西立面图
纵剖面图
横剖面图
一层平面图
二层平面图
三层平面图
四层平面图
底商住宅
一层平面图
二层平面图
三层平面图
四层平面图
北立面图
东立面图
南立面图
西立面图
纵剖面图
横剖面图
透视图
制图
严婷婷

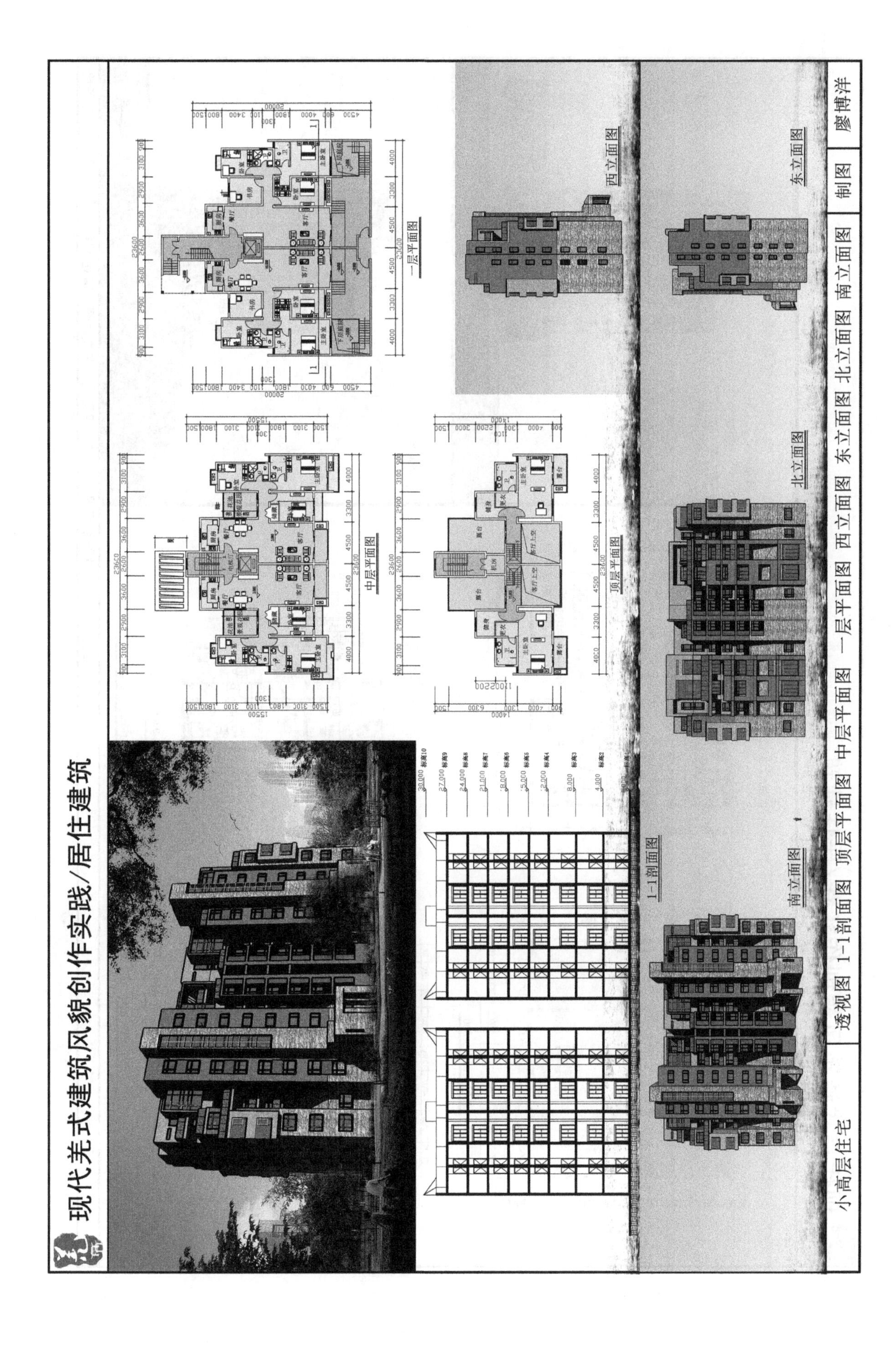

现代羌式建筑风貌创作实践/居住建筑
一层平面图
西立面图
中层平面图
顶层平面图
1-1剖面图
北立面图
东立面图
南立面图
小高层住宅
透视图 1-1剖面图 顶层平面图 中层平面图 一层平面图 西立面图 东立面图 北立面图 南立面图
制图
廖博洋

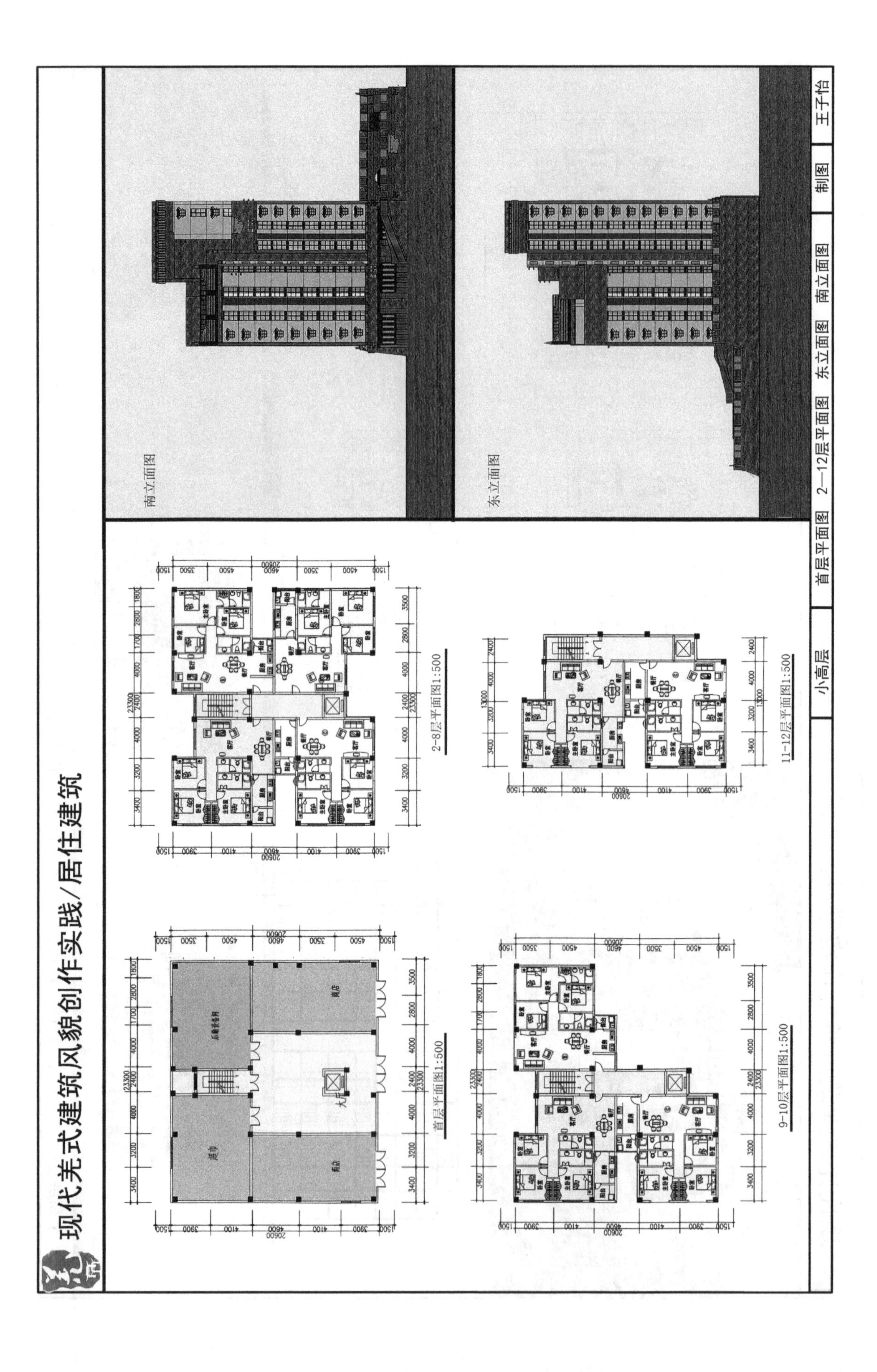
现代羌式建筑风貌创作实践/居住建筑
首层平面图1:500
2-8层平面图1:500
9-10层平面图1:500
11-12层平面图1:500
南立面图
东立面图
小高层
首层平面图
2—12层平面图
东立面图
南立面图
制图
王子怡

现代羌式建筑风貌创作实践/居住建筑
剖面图1:500
40.200
39.000
35.100
32.200
29.300
26.400
23.500
20.600
17.700
14.800
11.900
9.000
6.100
3.200
±0.000
-2.400
13层平面图1:500
小高层
13层平面图
透视效果图
剖面图
制图
王子怡

现代羌式建筑风貌创作实践/居住建筑
标准层平面图 1:300
跃层下层平面图 1:300
跃层上层平面图 1:300
正立面图
侧立面图
A-A 剖面图
羌式小高层住宅设计
效果图 正立面图 侧立面图 A-A剖面图 标准层平面图 跃层下层平面图 跃层上层平面图
制图 杨方玉

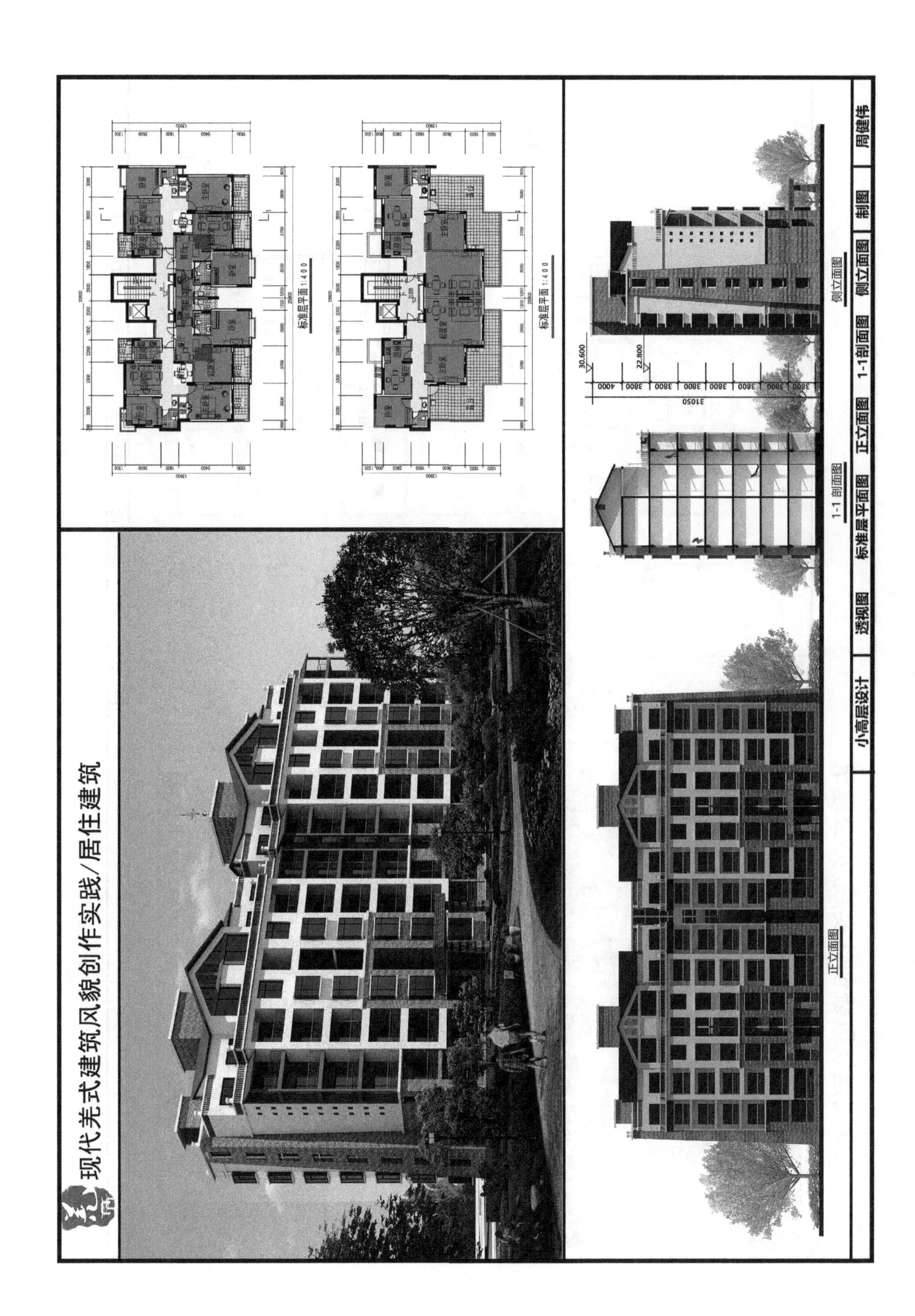
现代羌式建筑风貌创作实践/居住建筑
标准层平面1:400
标准层平面1:400
正立面图
1-1 剖面图
侧立面图
小高层设计
透视图
标准层平面图
正立面图
1-1剖面图
侧立面图
制图
周健伟

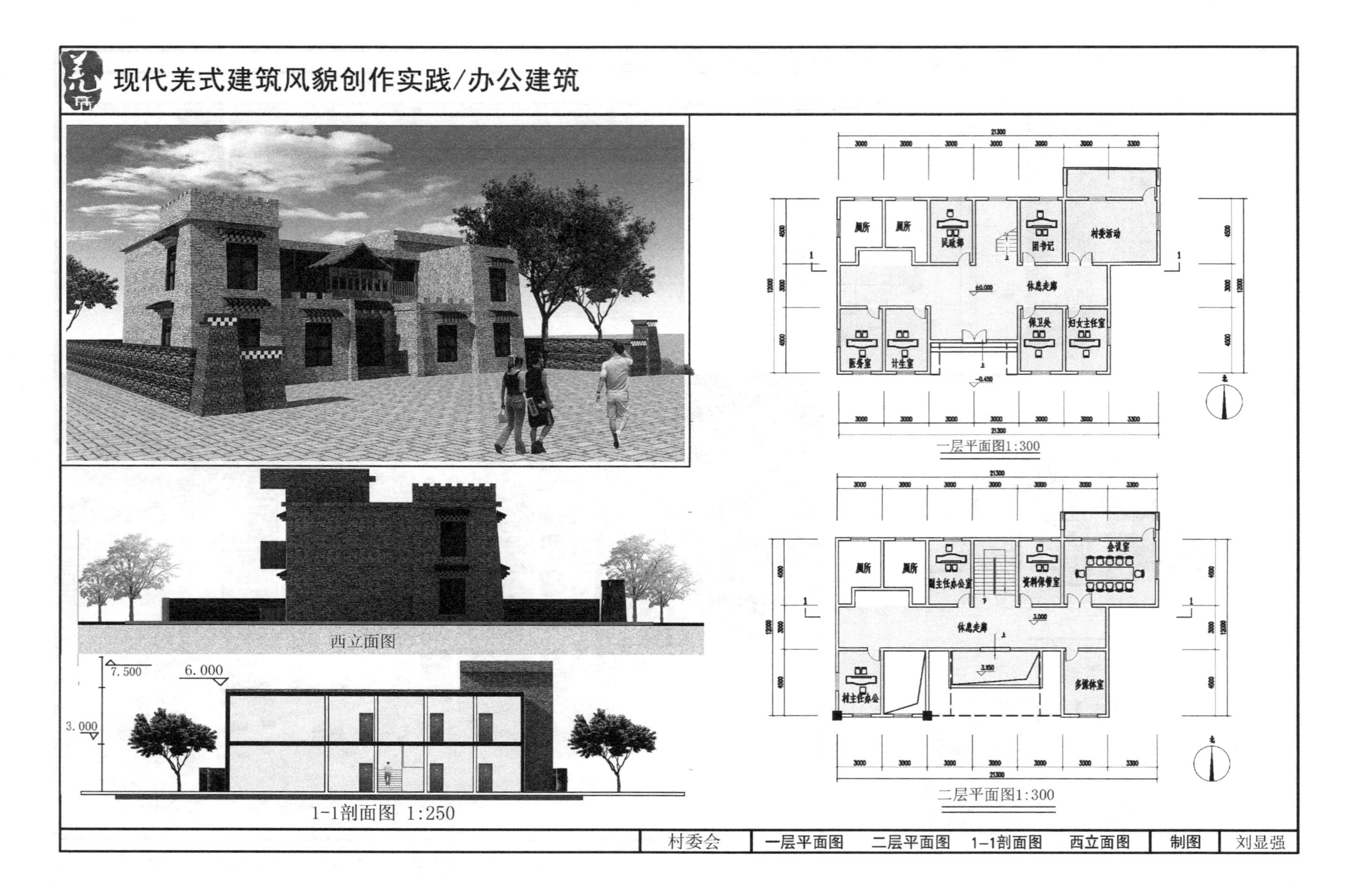
现代羌式建筑风貌创作实践/办公建筑
厕所
民政部
团书记
村委活动
休息走廊
保卫处
妇女主任室
医务室
计生室
一层平面图1:300
副主任办公室
资料保管室
会议室
村主任办公
多媒体室
二层平面图1:300
西立面图
7.500
6.000
3.000
1-1剖面图 1:250
村委会
一层平面图
二层平面图
1-1剖面图
西立面图
制图
刘显强

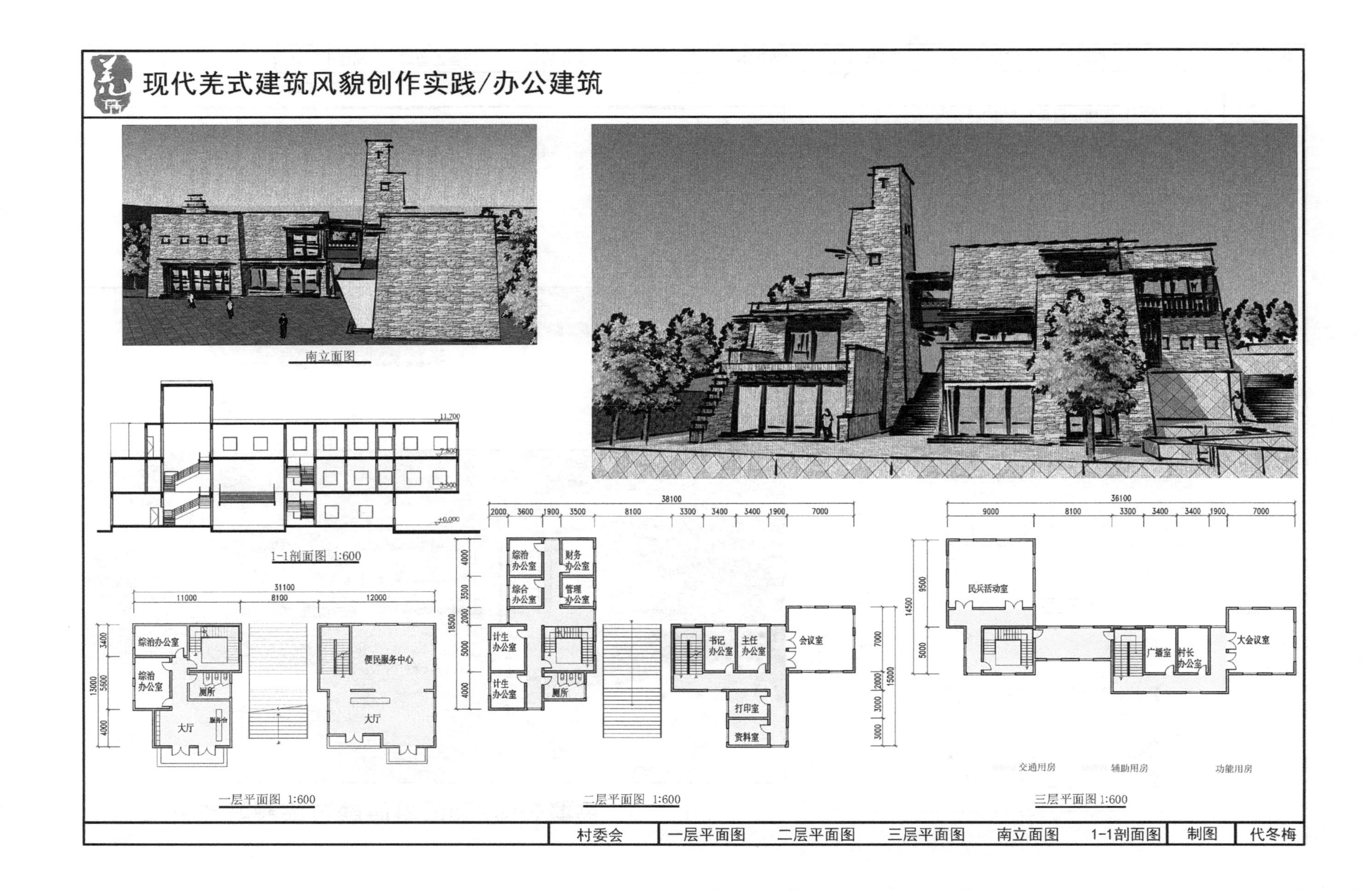
现代羌式建筑风貌创作实践/办公建筑
南立面图
1-1剖面图 1:600
综治办公室
综治办公室
厕所
大厅
服务台
便民服务中心
大厅
一层平面图 1:600
综治办公室
财务办公室
综合办公室
管理办公室
计生办公室
计生办公室
厕所
书记办公室
主任办公室
会议室
打印室
资料室
二层平面图 1:600
民兵活动室
广播室
村长办公室
大会议室
交通用房
辅助用房
功能用房
三层平面图 1:600
村委会
一层平面图
二层平面图
三层平面图
南立面图
1-1剖面图
制图
代冬梅

现代羌式建筑风貌创作实践/办公建筑
三层平面图 1:600
储藏
办公
会议室
室外平台
二层平面图 1:600
休闲
上空
议事
社区图书中心
首层平面图 1:600
议事室
办事厅
值班
门卫
报告厅
南立面图
东立面图
1-1剖面图
2-2剖面图
乡村办公楼
首层平面图
二层平面图
三层平面图
东立面图
南立面图
1-1剖面图
2-2剖面图
透视图
制图
刘琦

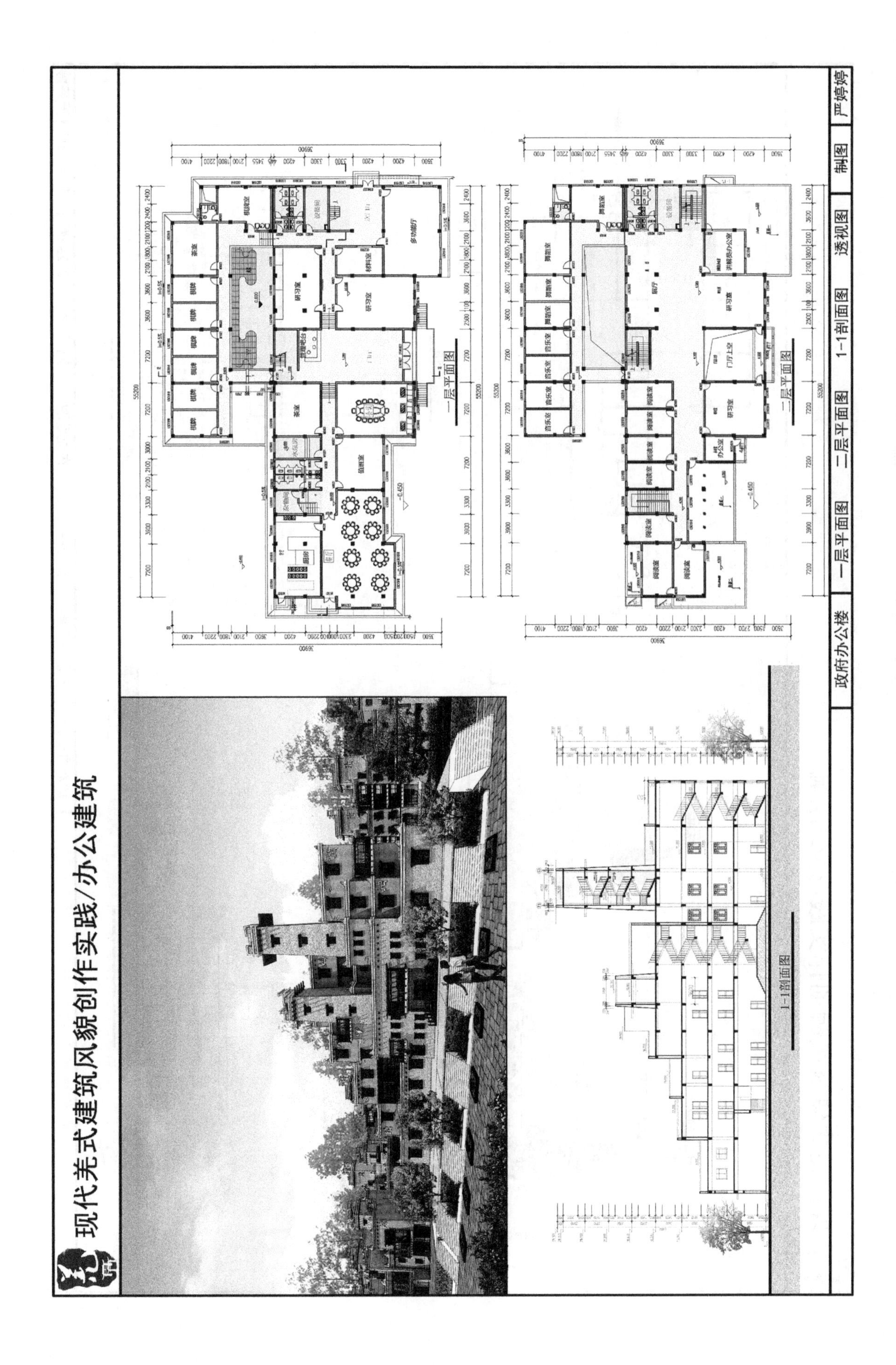
现代羌式建筑风貌创作实践/办公建筑
一层平面图
二层平面图
1-1剖面图
政府办公楼
一层平面图
二层平面图
1-1剖面图
透视图
制图
严婷婷

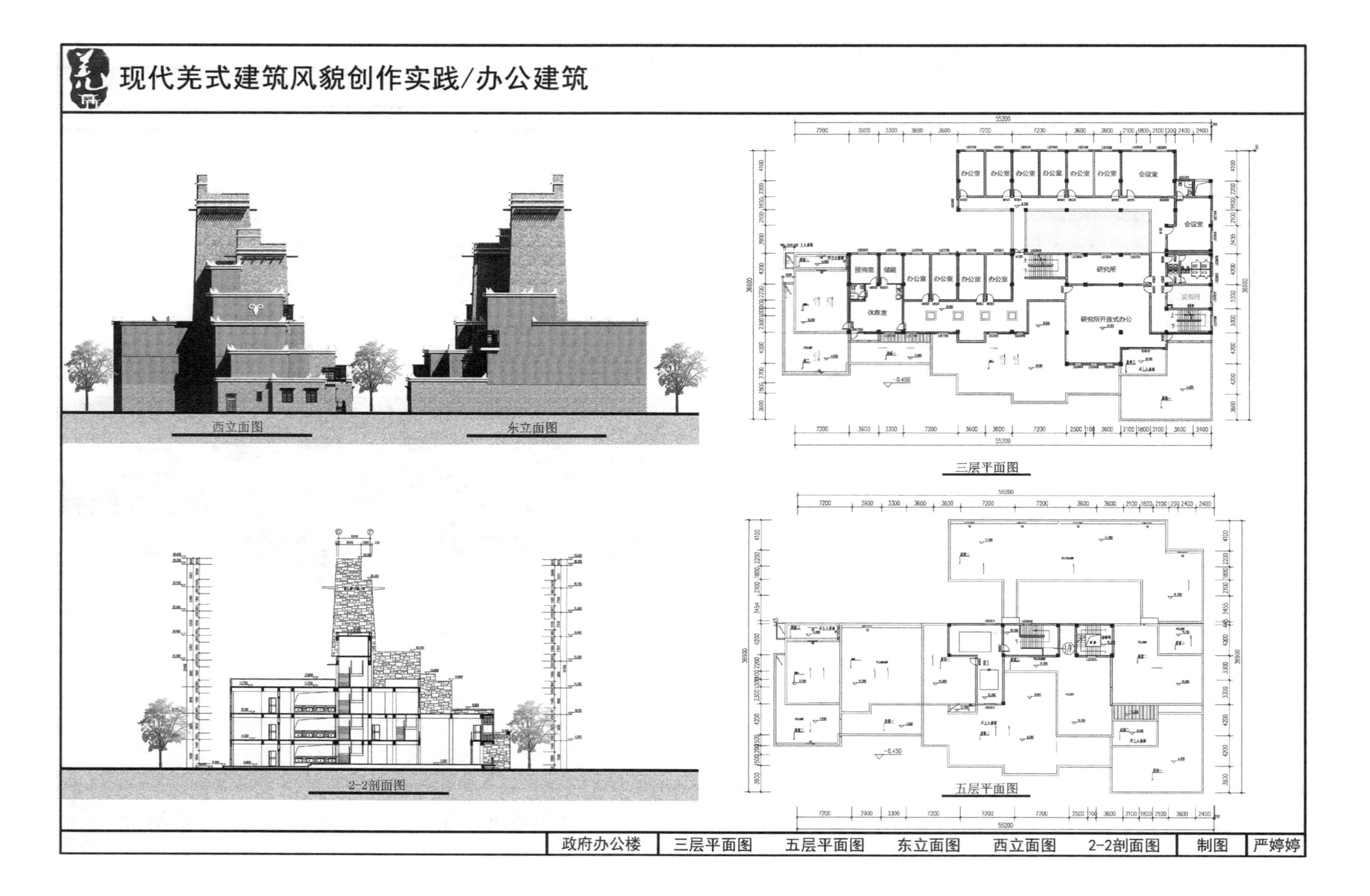
现代羌式建筑风貌创作实践/办公建筑
西立面图
东立面图
三层平面图
2-2剖面图
五层平面图
办公室
会议室
接待室
储藏
休息室
研究所
研究所开放式办公
政府办公楼
三层平面图
五层平面图
东立面图
西立面图
2-2剖面图
制图
严婷婷

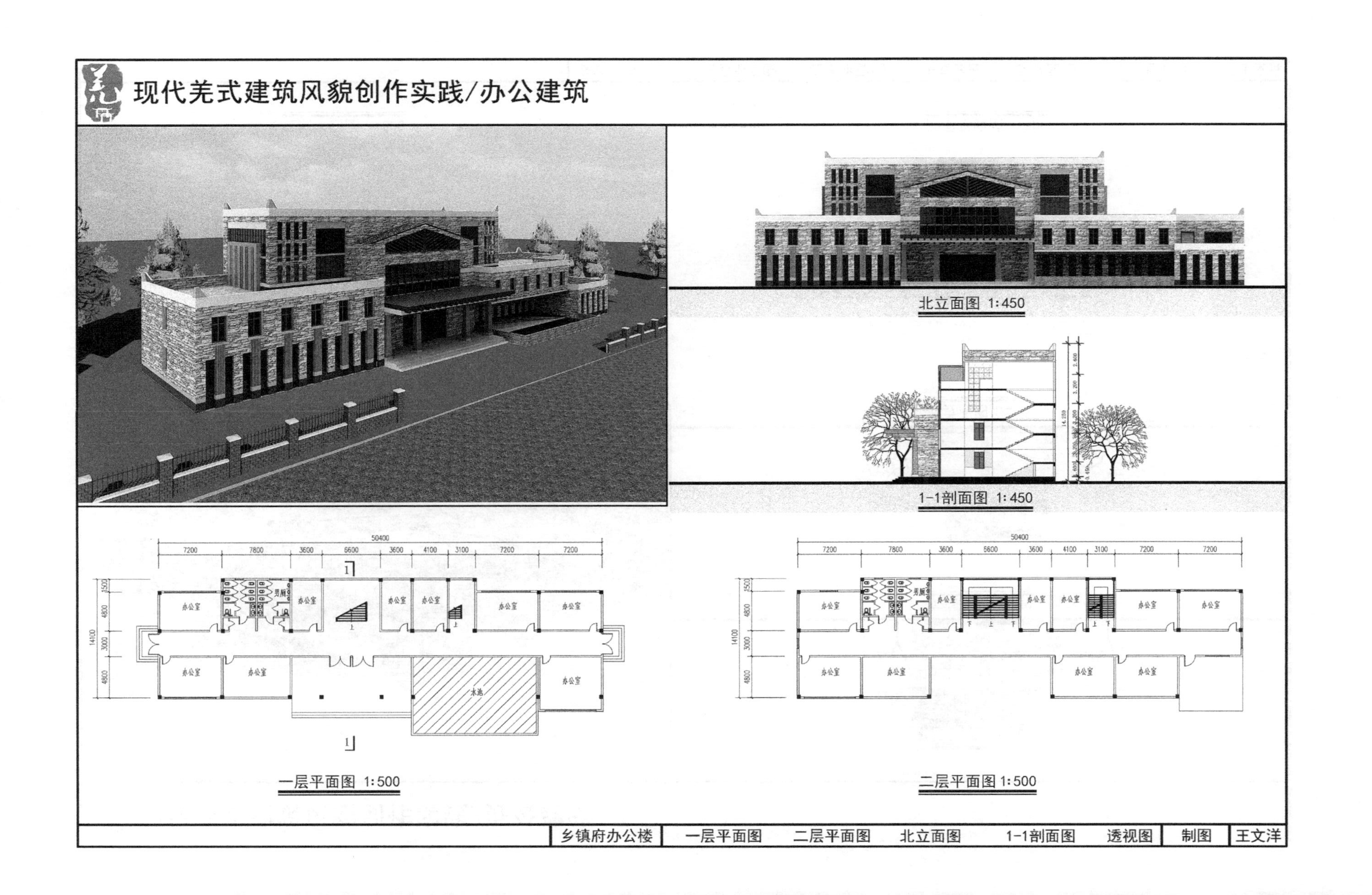
现代羌式建筑风貌创作实践/办公建筑
北立面图 1:450
1-1剖面图 1:450
一层平面图 1:500
二层平面图 1:500
乡镇府办公楼
一层平面图
二层平面图
北立面图
1-1剖面图
透视图
制图
王文洋

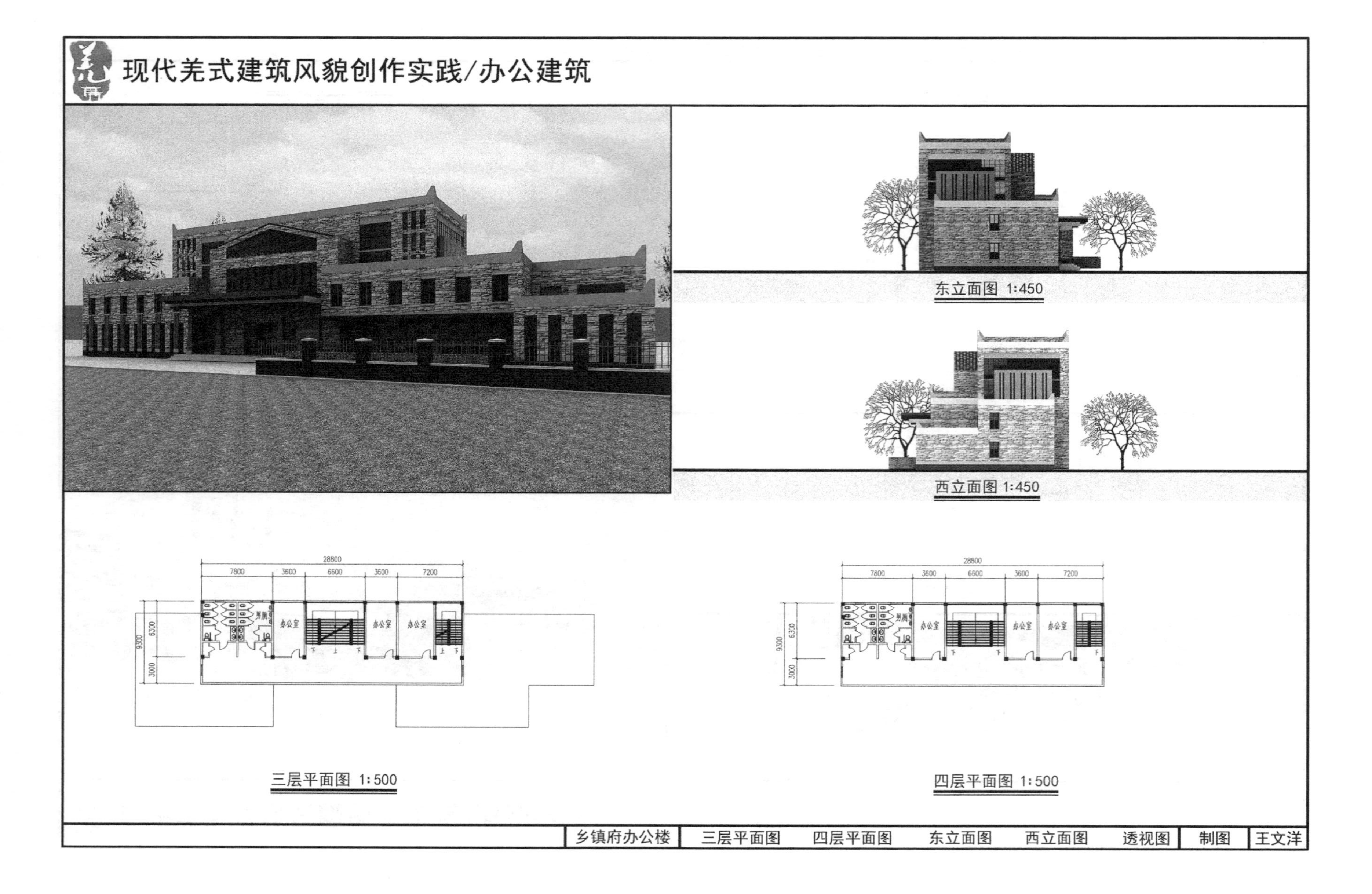
现代羌式建筑风貌创作实践/办公建筑
东立面图 1:450
西立面图 1:450
28800
7800
3600
6600
3600
7200
9300
6300
3000
办公室
男厕
三层平面图 1:500
四层平面图 1:500
乡镇府办公楼
三层平面图
四层平面图
东立面图
西立面图
透视图
制图
王文洋

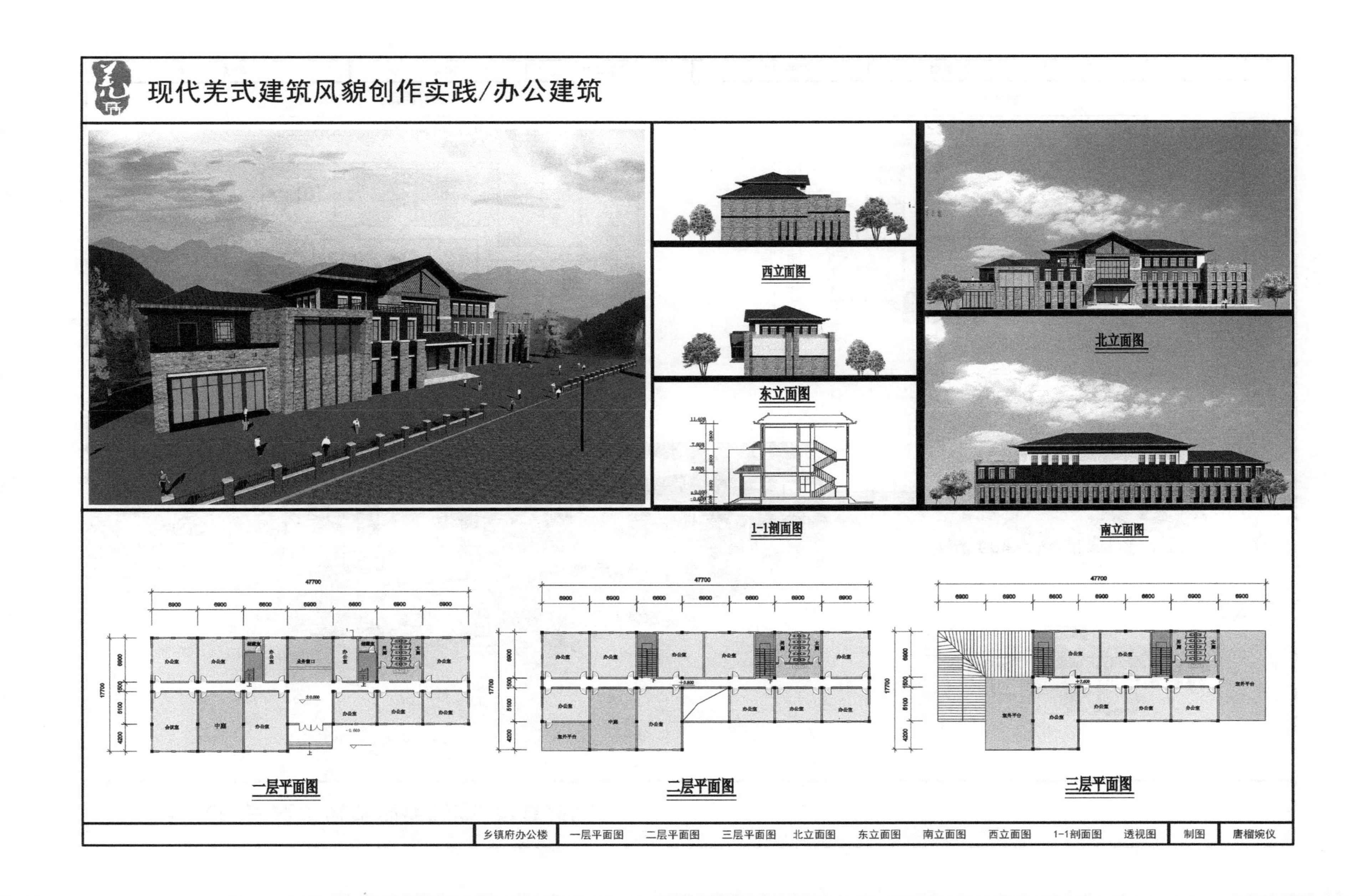
现代羌式建筑风貌创作实践/办公建筑
西立面图
东立面图
1-1剖面图
北立面图
南立面图
一层平面图
二层平面图
三层平面图
乡镇府办公楼
一层平面图
二层平面图
三层平面图
北立面图
东立面图
南立面图
西立面图
1-1剖面图
透视图
制图
唐榴婉仪

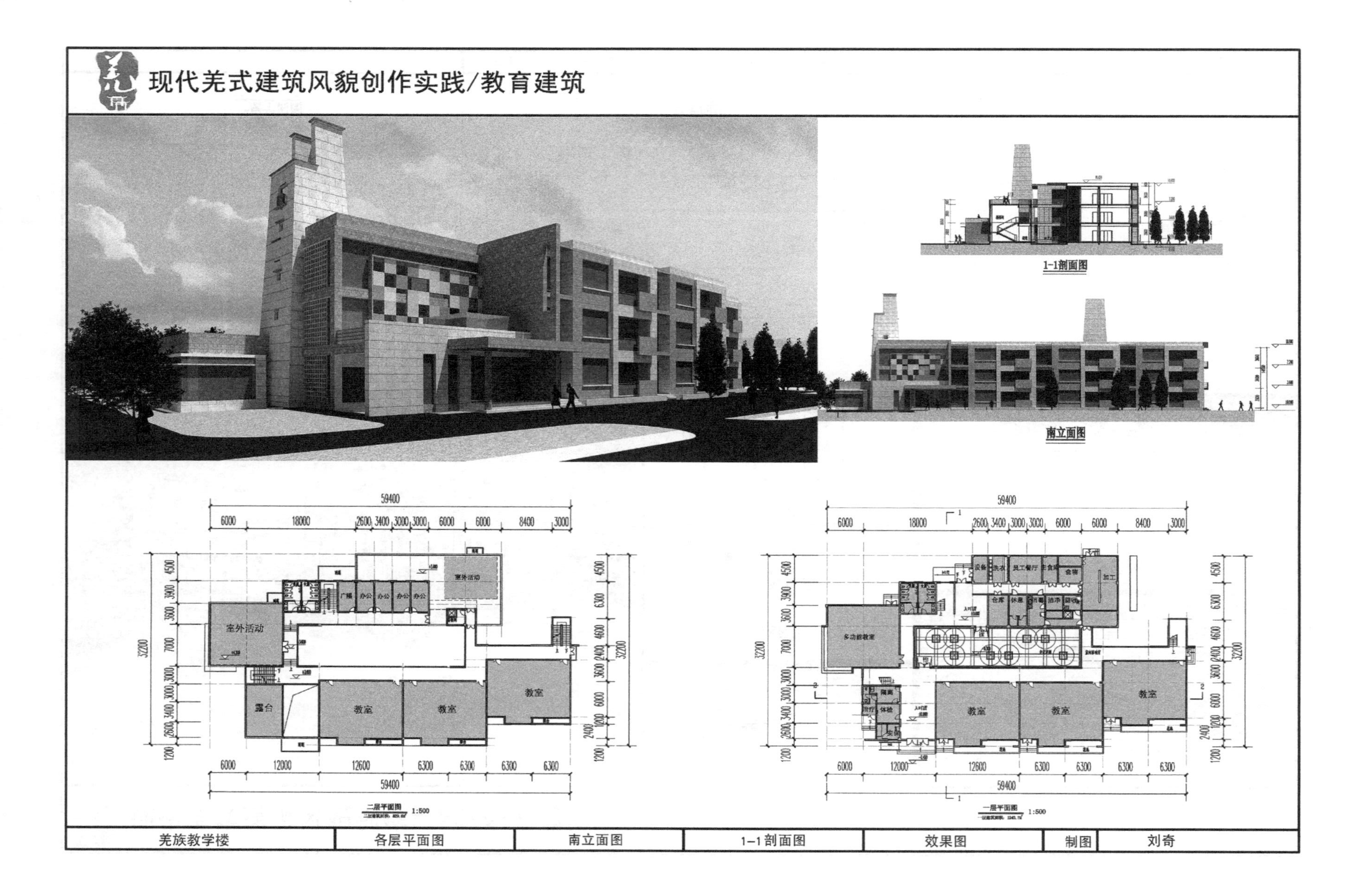
现代羌式建筑风貌创作实践/教育建筑
1-1剖面图
南立面图
室外活动
露台
教室
办公
广播
二层平面图 1:500
多功能教室
员工餐厅
仓库
加工
一层平面图 1:500
羌族教学楼
各层平面图
南立面图
1-1剖面图
效果图
制图
刘奇

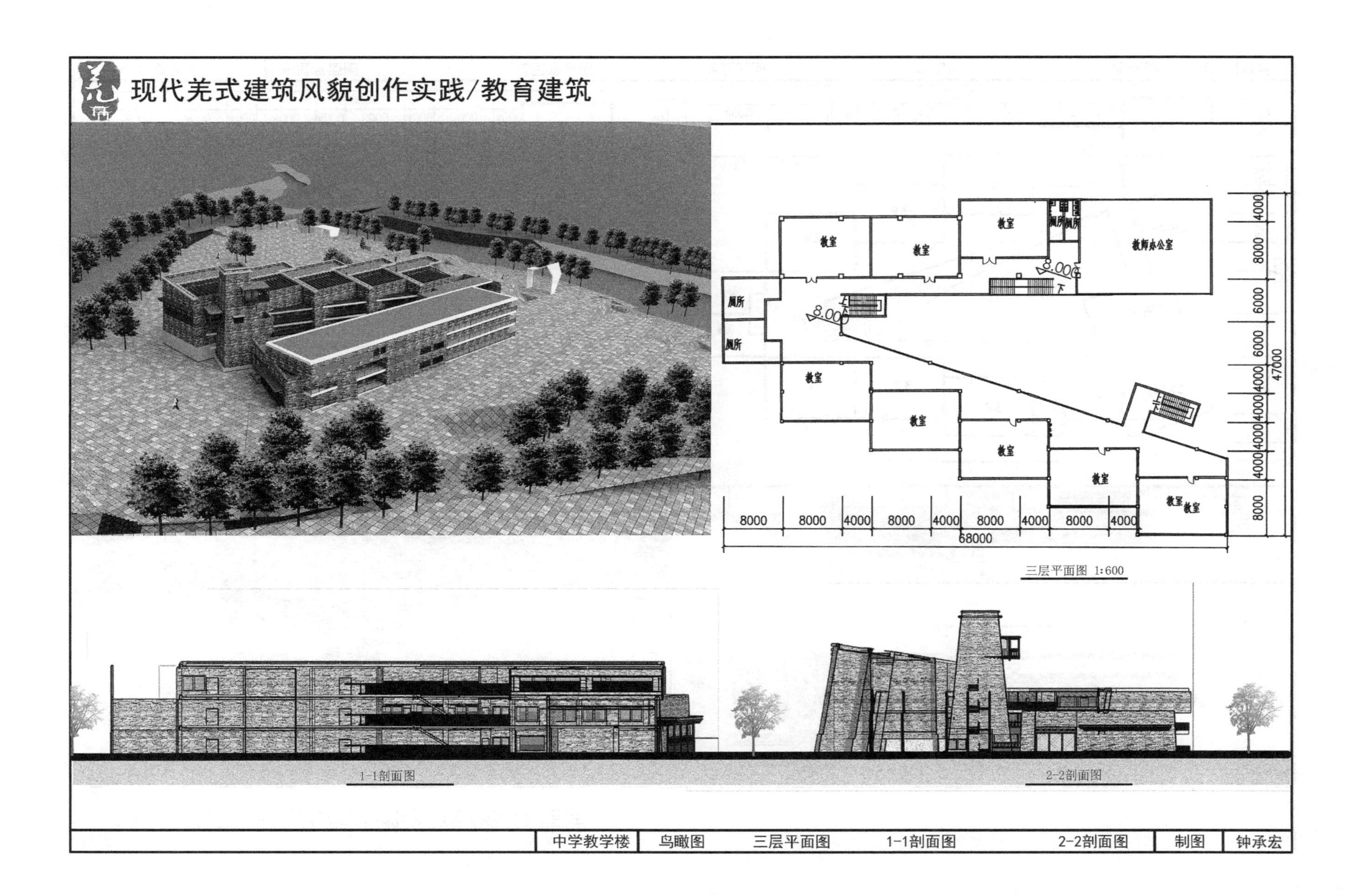
现代羌式建筑风貌创作实践/教育建筑
教室
教师办公室
厕所
8.000
8000
4000
6000
47000
68000
三层平面图 1:600
1-1剖面图
2-2剖面图
中学教学楼
鸟瞰图
三层平面图
1-1剖面图
2-2剖面图
制图
钟承宏

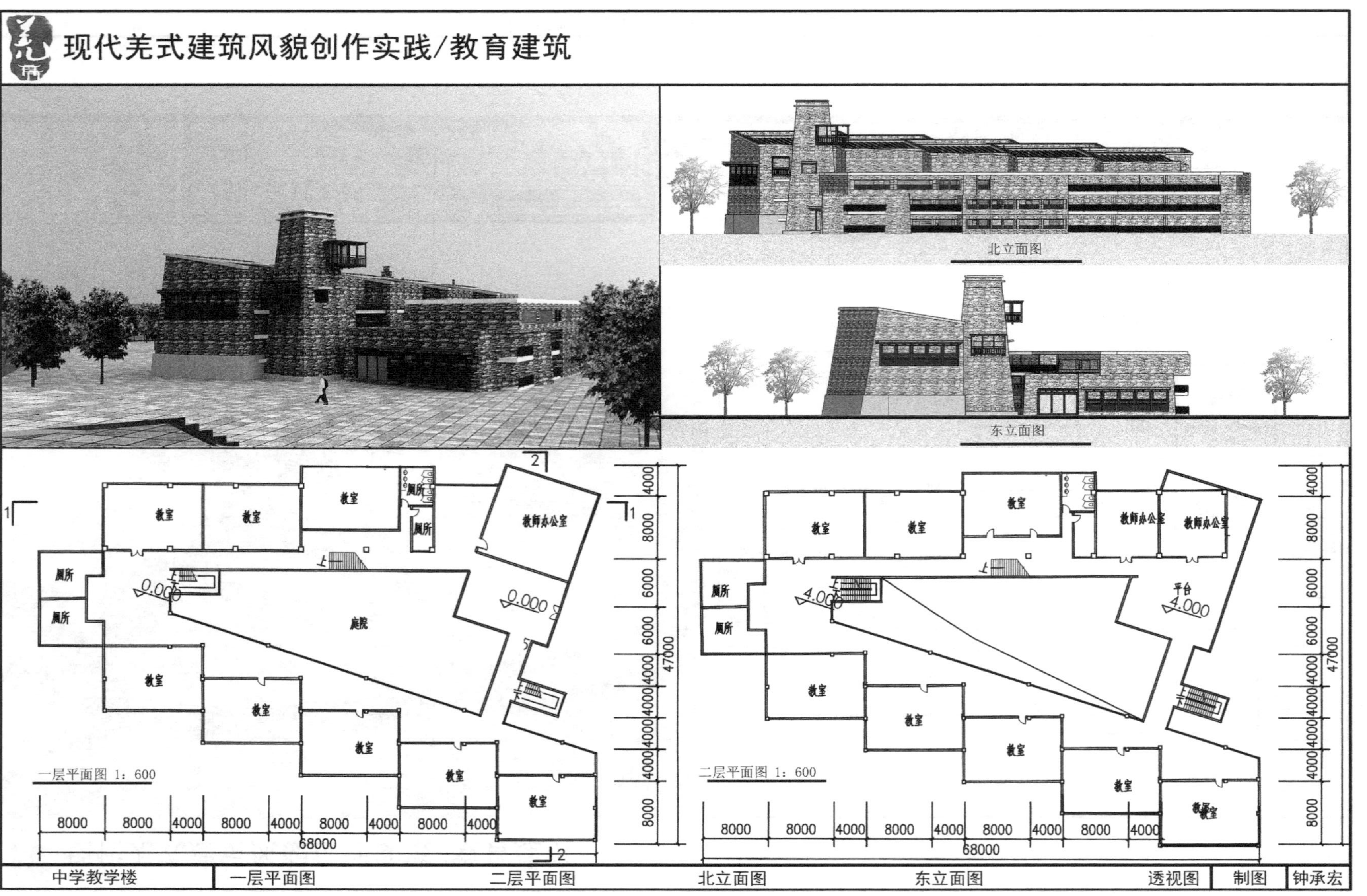

现代羌式建筑风貌创作实践/教育建筑
北立面图
东立面图
教室
厕所
庭院
教师办公室
平台
0.000
4.000
一层平面图 1：600
二层平面图 1：600
8000
4000
68000
47000
6000
中学教学楼
一层平面图
二层平面图
北立面图
东立面图
透视图
制图
钟承宏

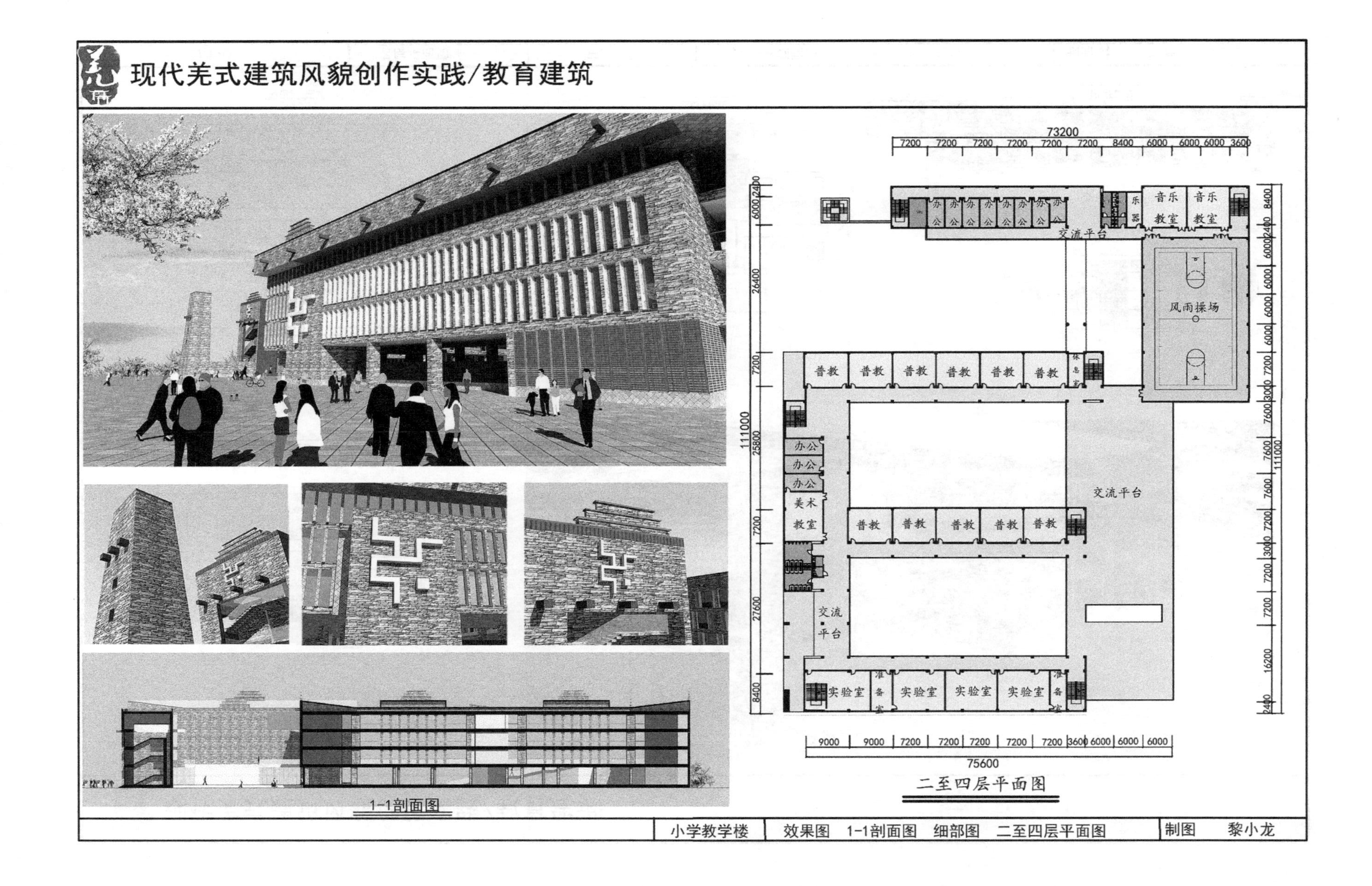

现代羌式建筑风貌创作实践/教育建筑
73200
111000
75600
办公
乐器
音乐教室
交流平台
风雨操场
普教
休息室
美术教室
实验室
准备室
二至四层平面图
1-1剖面图
小学教学楼
效果图　1-1剖面图　细部图　二至四层平面图
制图
黎小龙

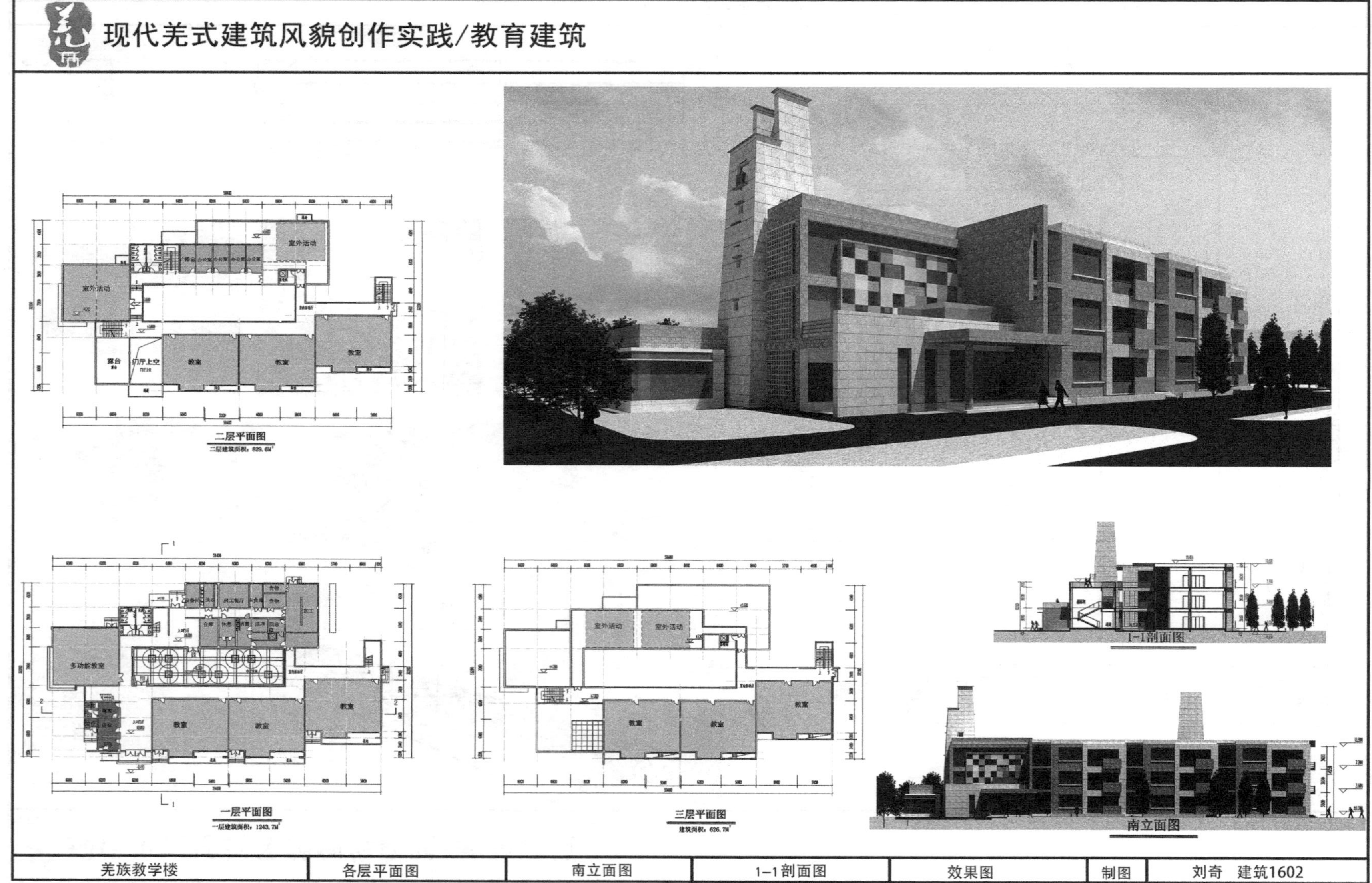

现代羌式建筑风貌创作实践/教育建筑
二层平面图
二层建筑面积：829.64㎡
一层平面图
一层建筑面积：1243.7㎡
三层平面图
建筑面积：626.7㎡
1-1剖面图
南立面图
羌族教学楼
各层平面图
南立面图
1-1剖面图
效果图
制图
刘奇 建筑1602

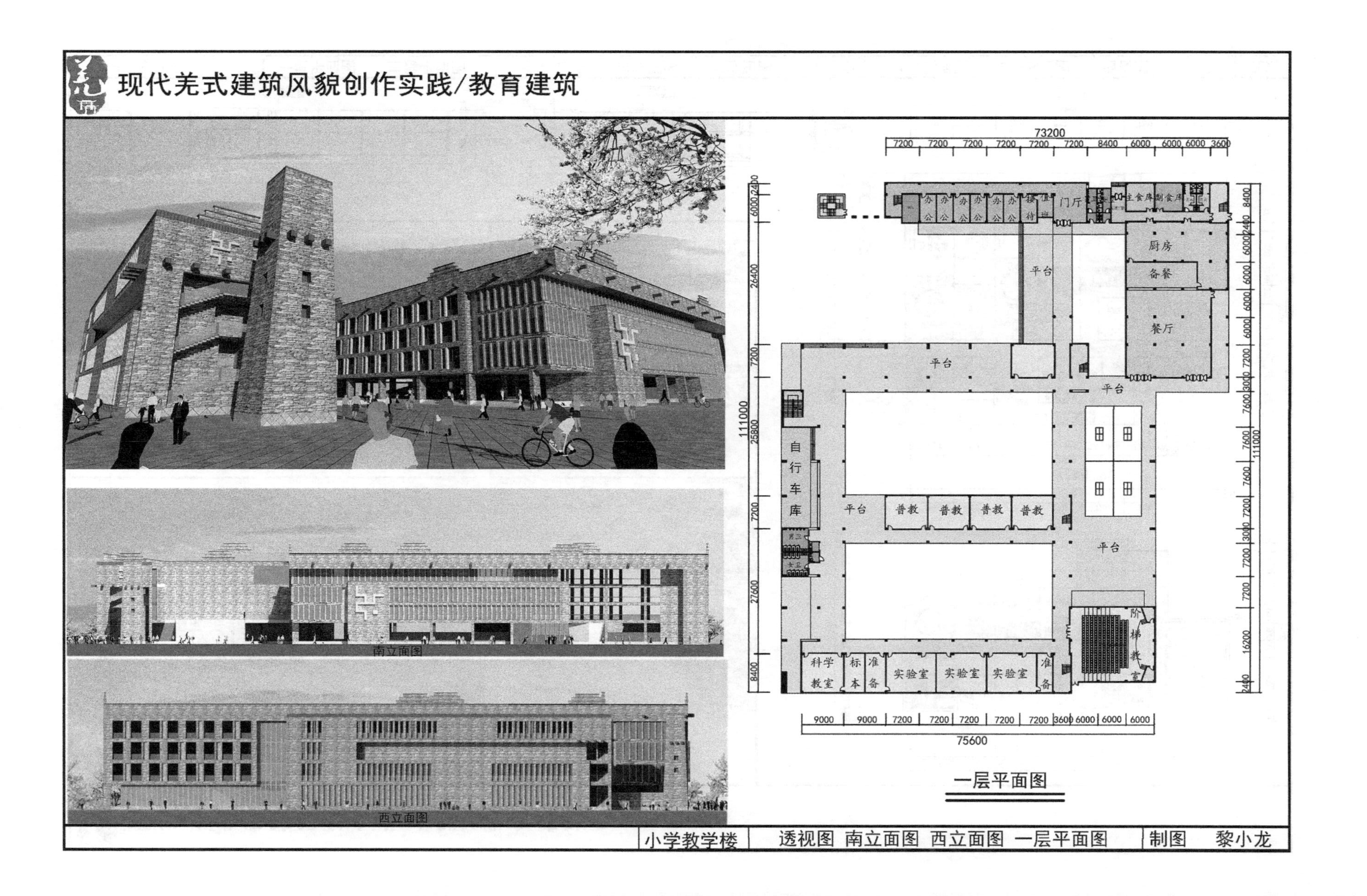
现代羌式建筑风貌创作实践/教育建筑
南立面图
西立面图
73200
门厅
办公
接待
主食库
副食库
厨房
备餐
餐厅
平台
自行车库
普教
科学教室
标本
准备
实验室
阶梯教室
111000
75600
一层平面图
小学教学楼
透视图 南立面图 西立面图 一层平面图
制图
黎小龙

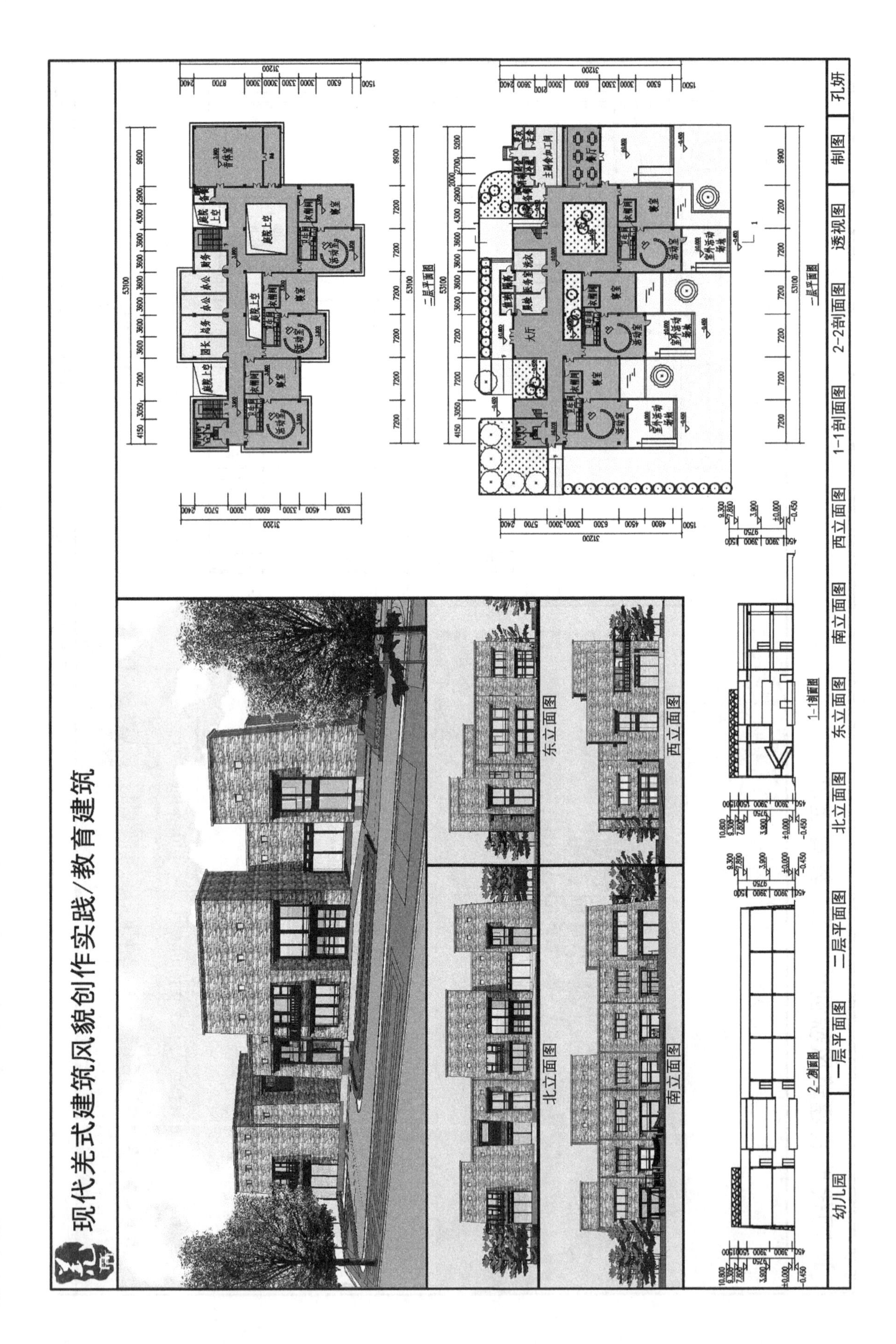
现代美式建筑风貌创作实践/教育建筑
北立面图
南立面图
东立面图
西立面图
一层平面图
二层平面图
1-1剖面图
2-2剖面图
幼儿园
一层平面图
二层平面图
北立面图
东立面图
南立面图
西立面图
1-1剖面图
2-2剖面图
透视图
制图
孔妍

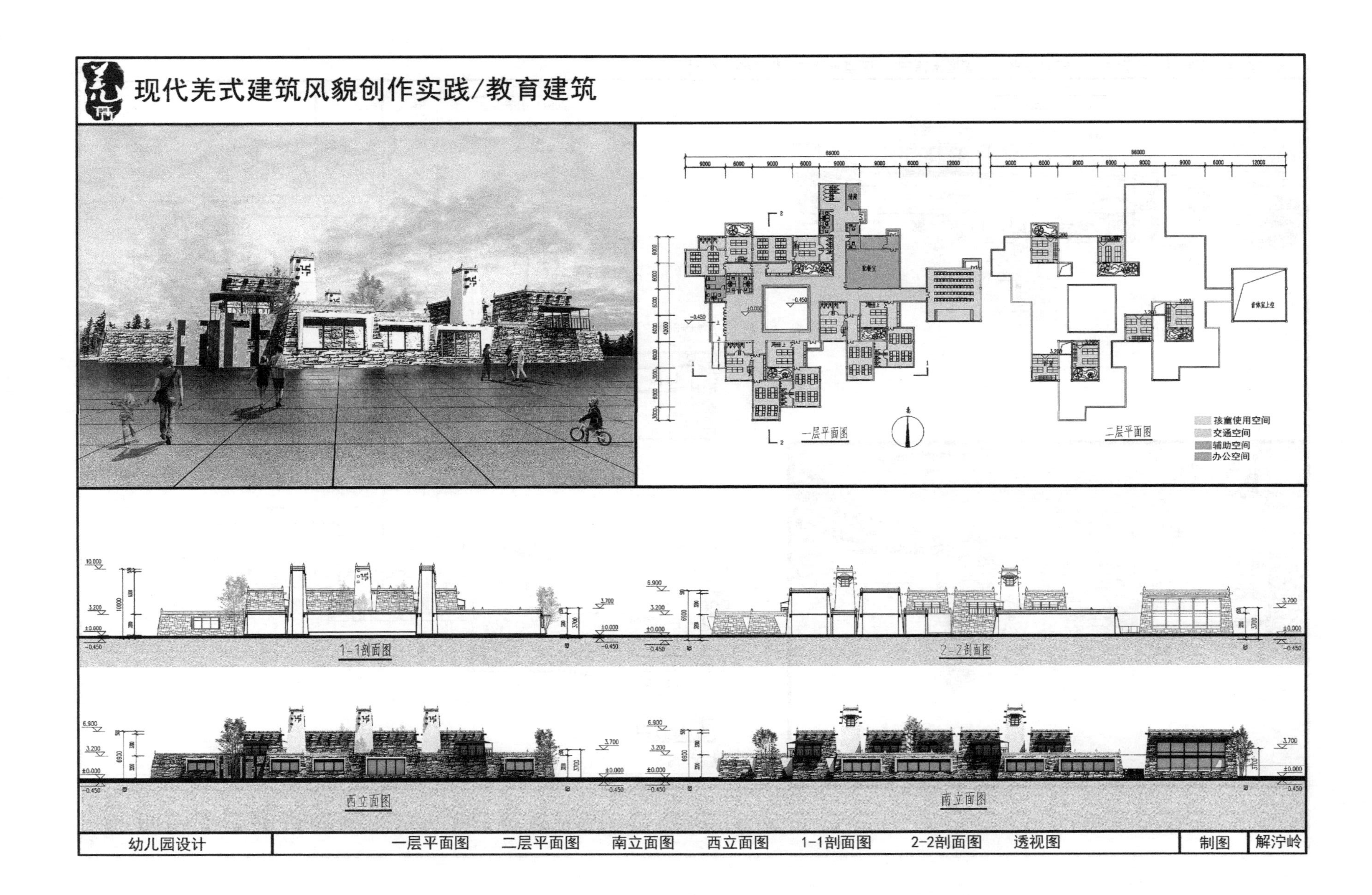

现代羌式建筑风貌创作实践/教育建筑
一层平面图
二层平面图
孩童使用空间
交通空间
辅助空间
办公空间
1-1剖面图
2-2剖面图
西立面图
南立面图
幼儿园设计
一层平面图
二层平面图
南立面图
西立面图
1-1剖面图
2-2剖面图
透视图
制图
解汐岭

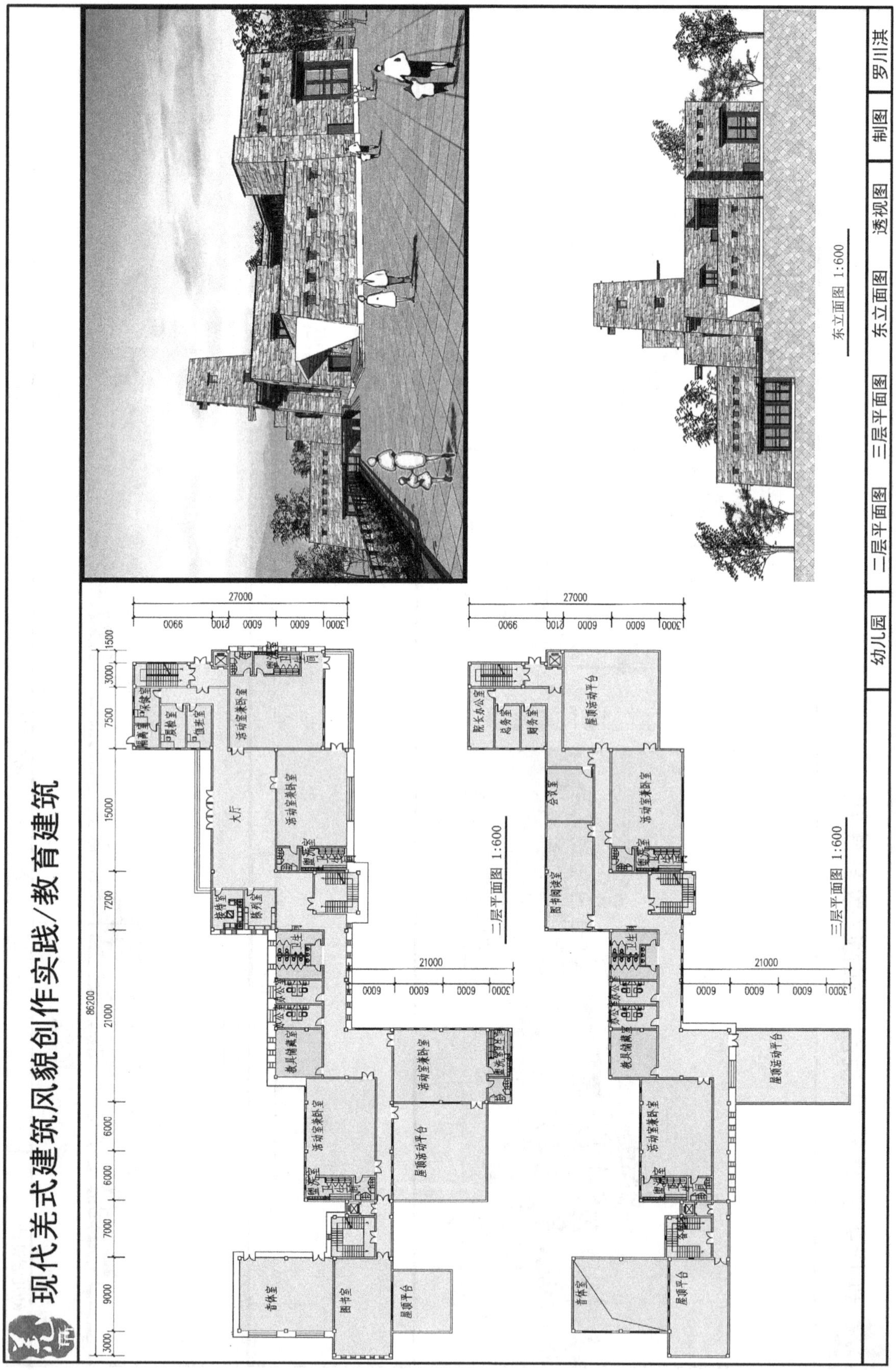

现代羌式建筑风貌创作实践/教育建筑

二层平面图 1:600

三层平面图 1:600

东立面图 1:600

幼儿园	二层平面图 三层平面图 东立面图 透视图	制图	罗川淇

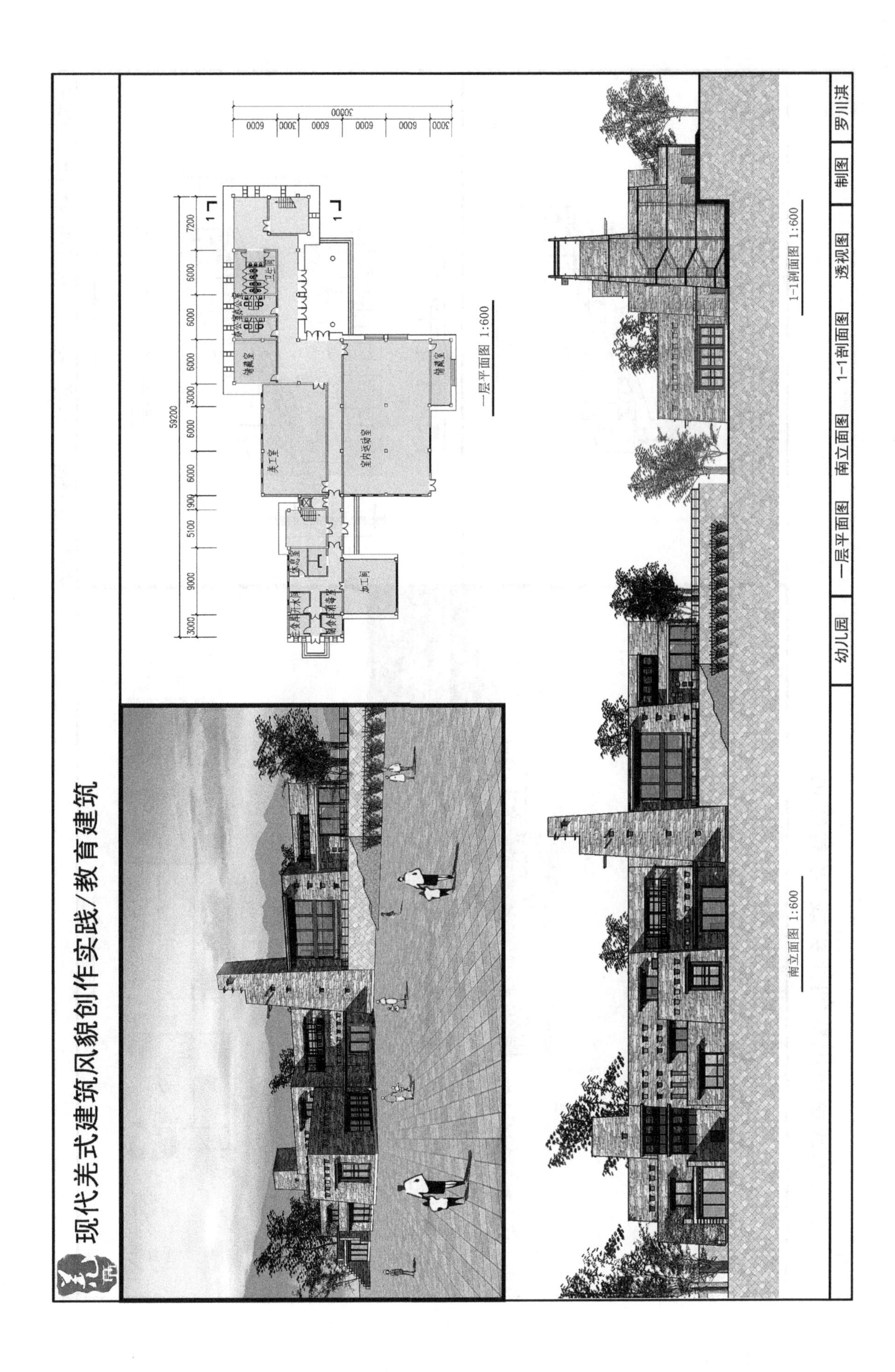
现代羌式建筑风貌创作实践/教育建筑
一层平面图 1:600
南立面图 1:600
1-1剖面图 1:600
幼儿园
一层平面图
南立面图
1-1剖面图
透视图
制图
罗川淇

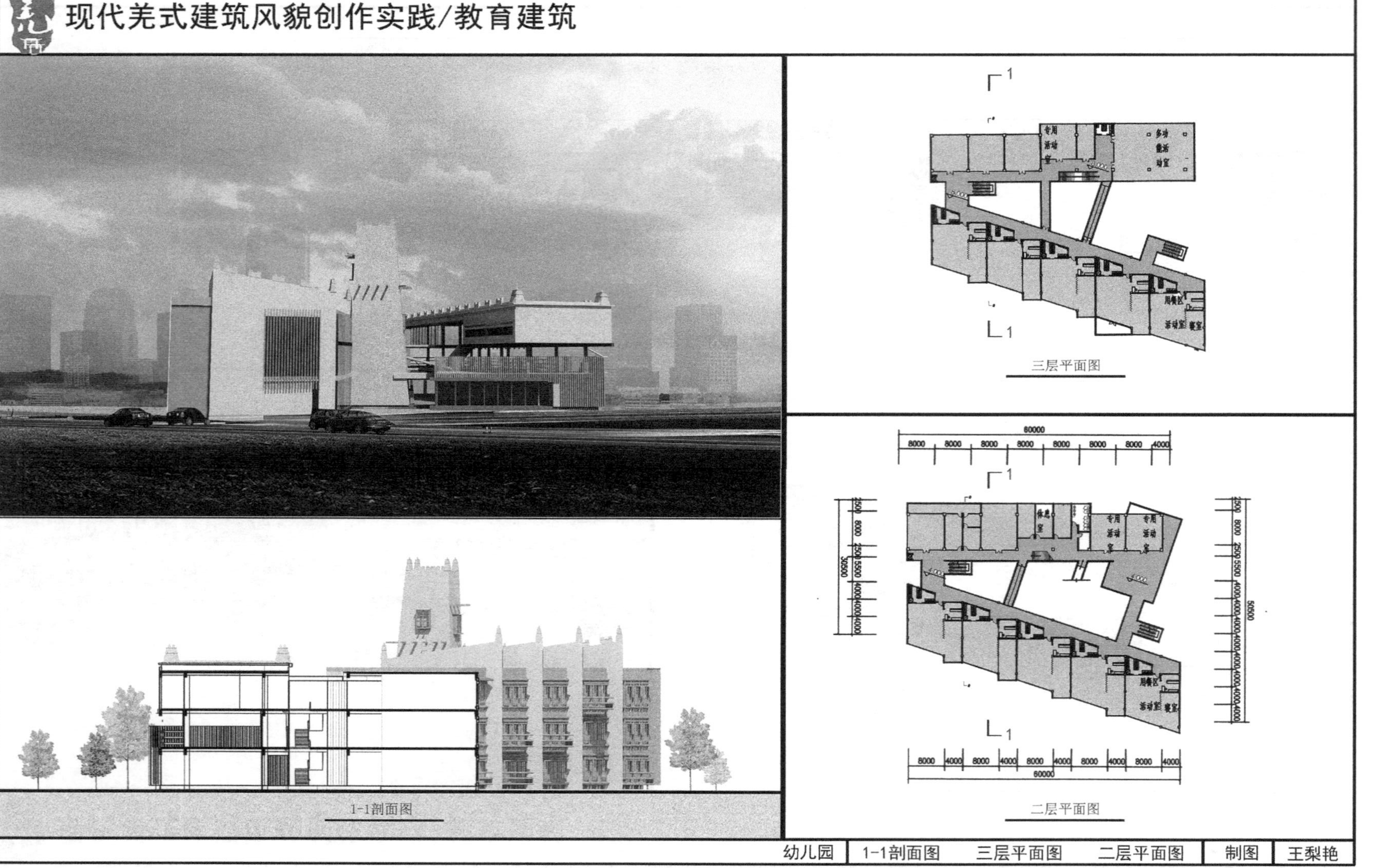
现代羌式建筑风貌创作实践/教育建筑
1-1剖面图
三层平面图
二层平面图
幼儿园
1-1剖面图
三层平面图
二层平面图
制图
王梨艳

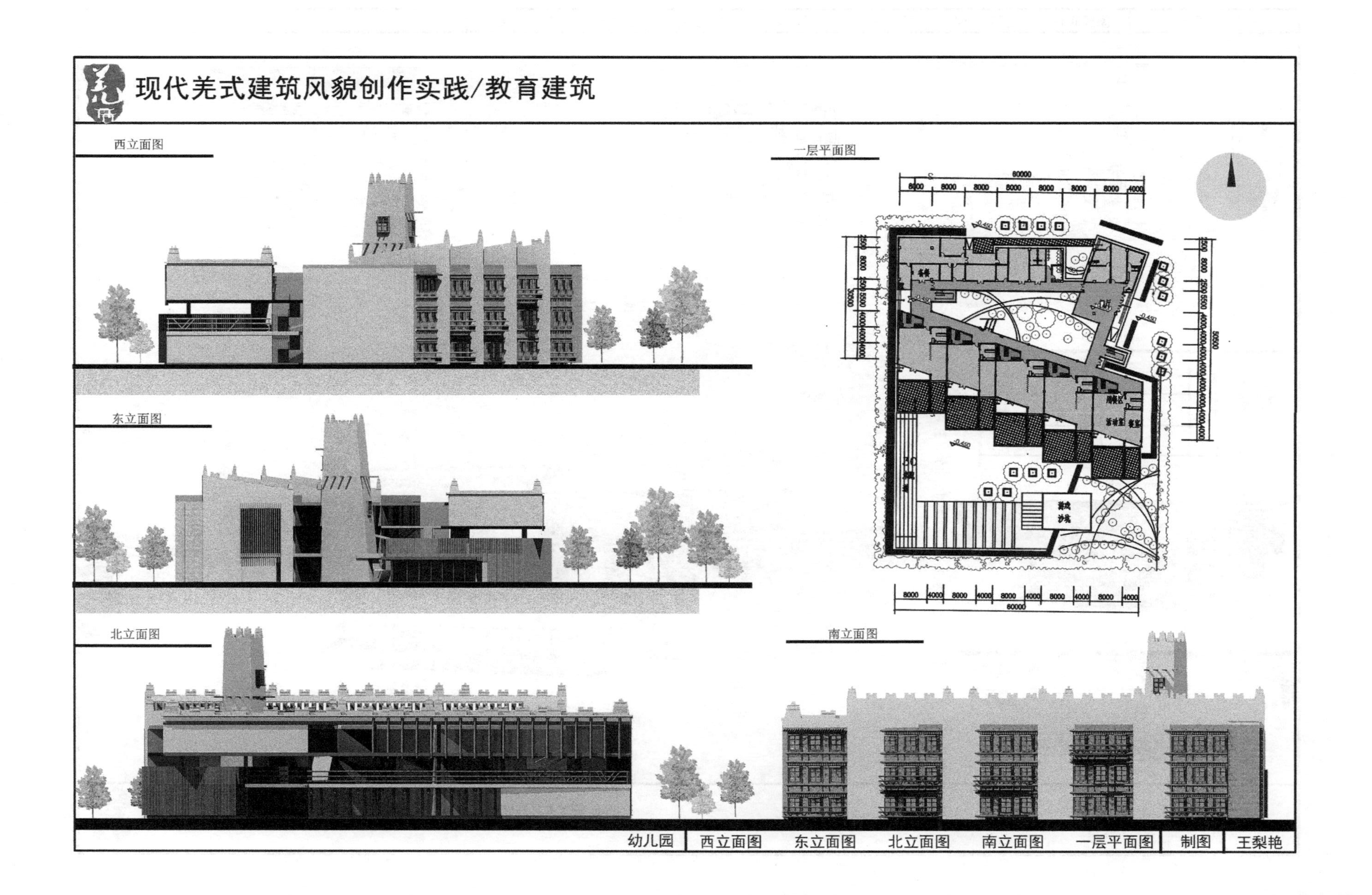
现代羌式建筑风貌创作实践/教育建筑
西立面图
一层平面图
东立面图
北立面图
南立面图
幼儿园
西立面图
东立面图
北立面图
南立面图
一层平面图
制图
王梨艳

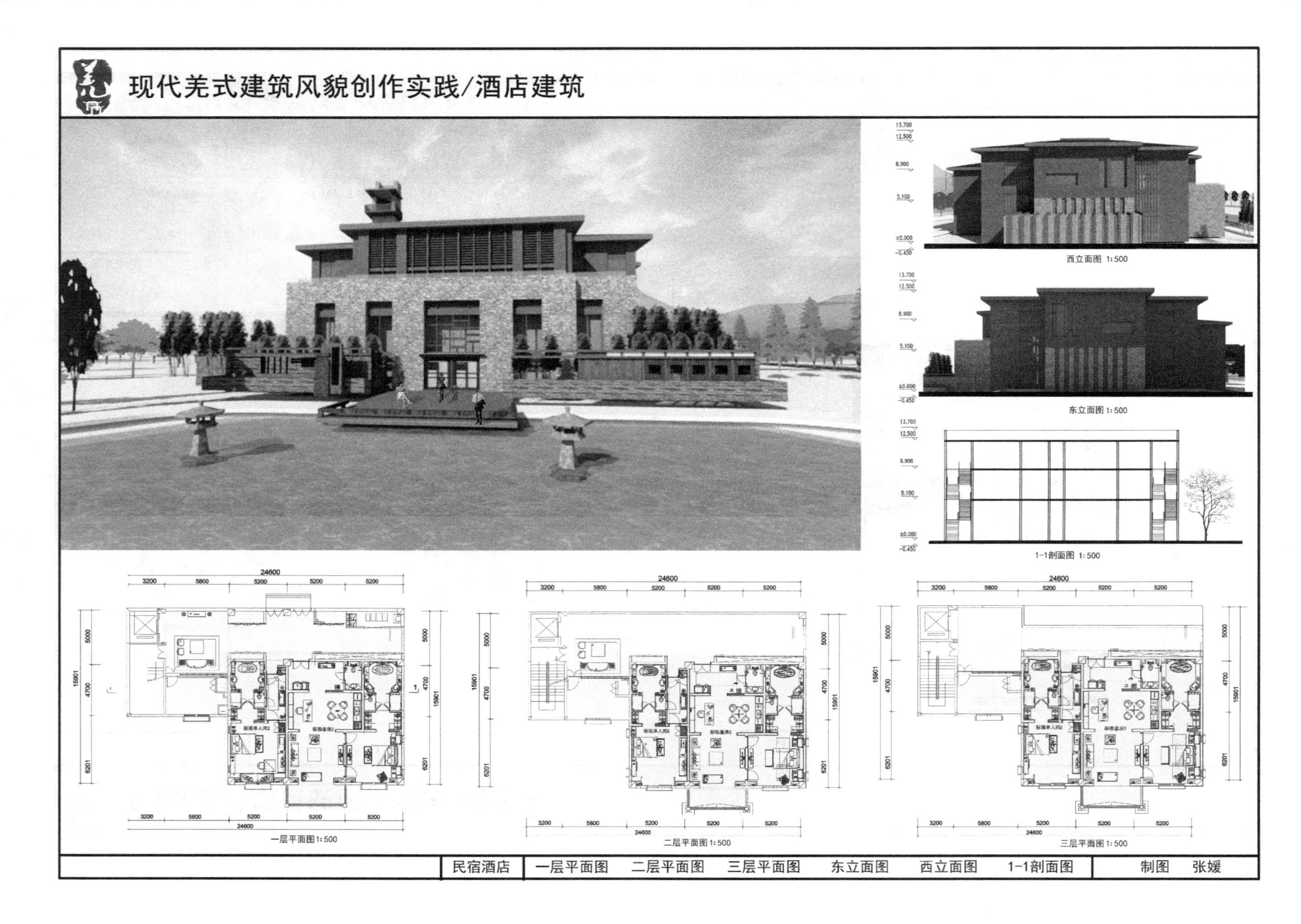
现代羌式建筑风貌创作实践/酒店建筑
西立面图 1:500
东立面图 1:500
1-1剖面图 1:500
一层平面图1:500
二层平面图1:500
三层平面图1:500
民宿酒店
一层平面图
二层平面图
三层平面图
东立面图
西立面图
1-1剖面图
制图
张媛

现代羌式建筑风貌创作实践/酒店建筑
一层平面图
二层平面图
北立面图
民宿酒店
一层平面图
二层平面图
透视图
北立面图
制图
刘飞

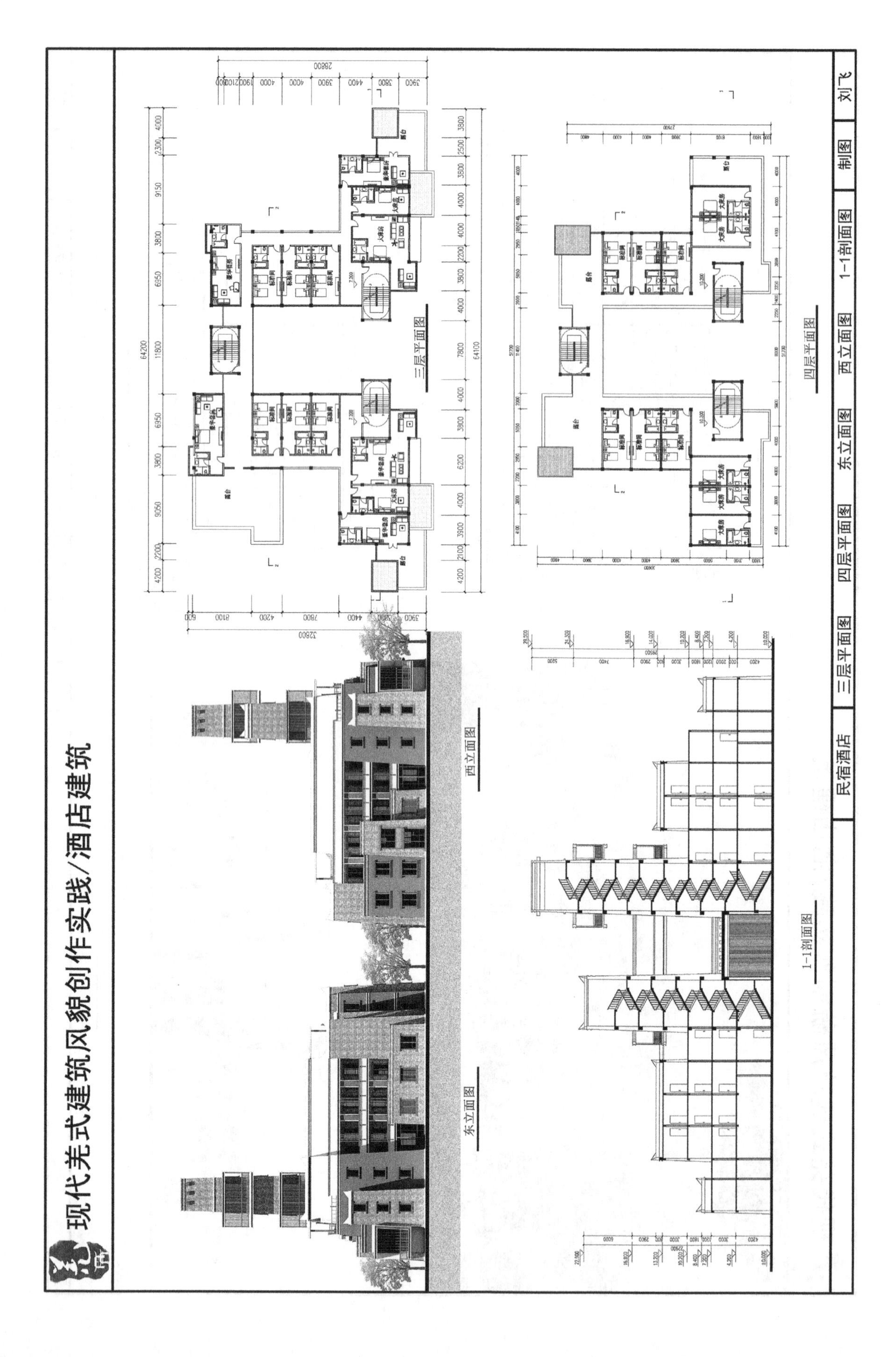
现代羌式建筑风貌创作实践/酒店建筑
三层平面图
四层平面图
西立面图
东立面图
1-1剖面图
民宿酒店
三层平面图
四层平面图
东立面图
西立面图
1-1剖面图
制图
刘飞

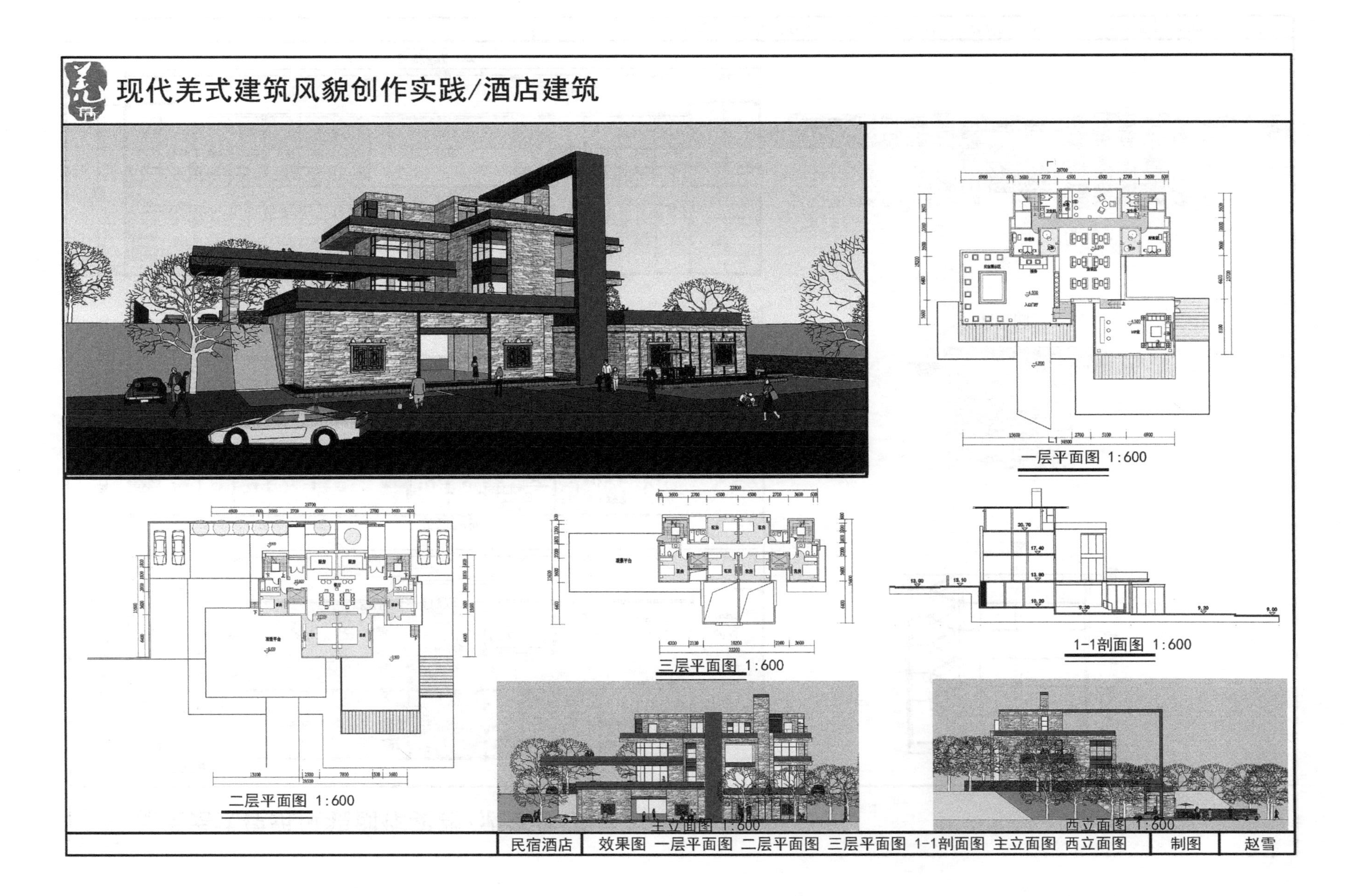
现代羌式建筑风貌创作实践/酒店建筑
一层平面图 1:600
二层平面图 1:600
三层平面图 1:600
1-1剖面图 1:600
主立面图 1:600
西立面图 1:600
民宿酒店
效果图 一层平面图 二层平面图 三层平面图 1-1剖面图 主立面图 西立面图
制图
赵雪

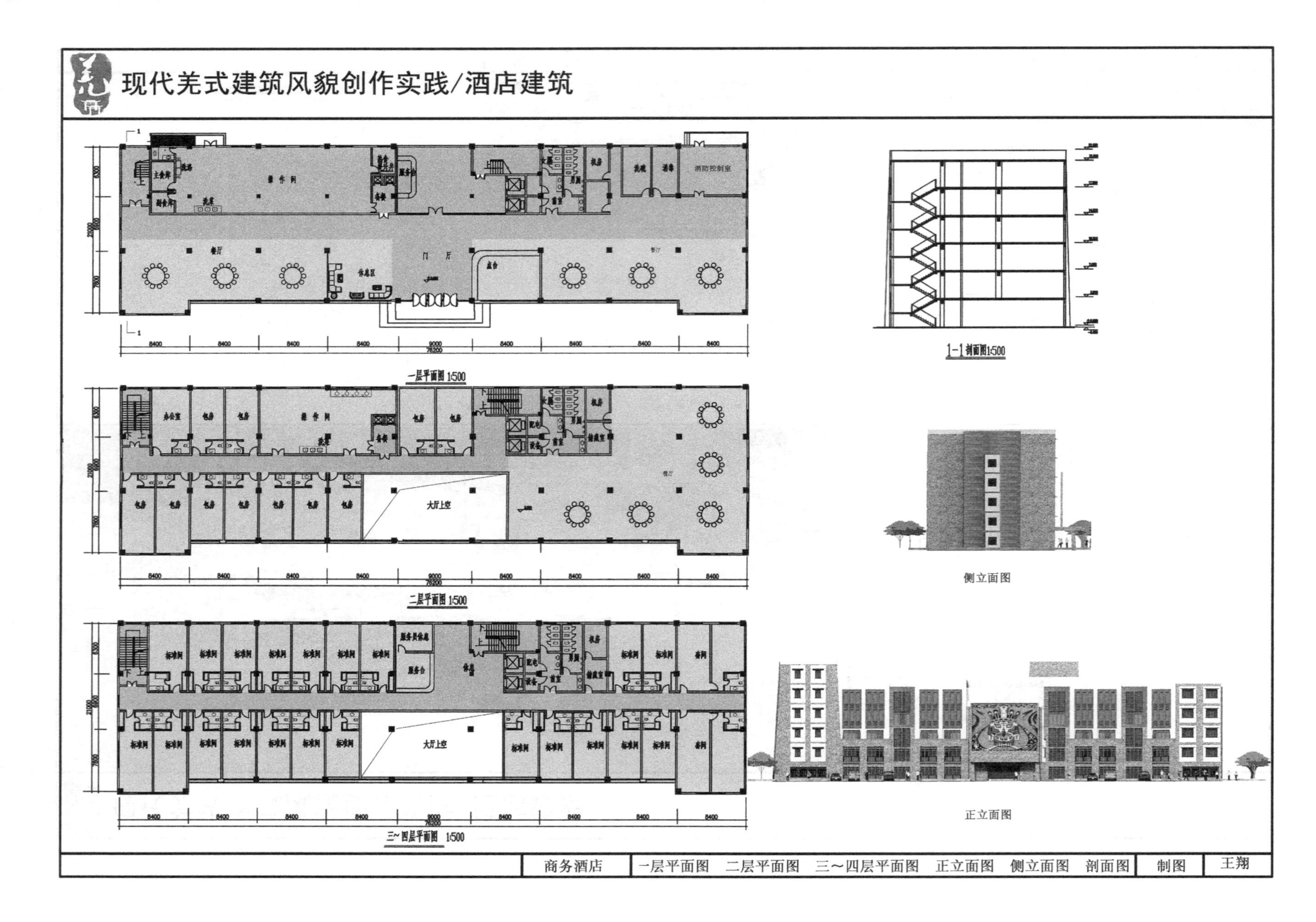

现代美式建筑风貌创作实践/酒店建筑
一层平面图 1:500
二层平面图 1:500
三～四层平面图 1:500
1-1剖面图1:500
侧立面图
正立面图
大厅上空
商务酒店
一层平面图
二层平面图
三～四层平面图
正立面图
侧立面图
剖面图
制图
王翔

现代羌式建筑风貌创作实践/酒店建筑

交通空间
功能空间
辅助空间

标准间 标准间 标准间 标准间 标准间 标准间 标准间 服务员休息 服务台 休息 标准间 标准间 套间
标准间 标准间 标准间 标准间 标准间 标准间 标准间 标准间 标准间 标准间 标准间 标准间 套间
6300 6900 7800 21000
8400 8400 8400 8400 9000 8400 8400 8400 8400
76200

五层平面图 1:500

储物室 设备室
6300 6900 7800 21000
8400 8400

六层平面图 1:500

商务酒店	效果图 五层平面图 六层平面图	制图	王翔

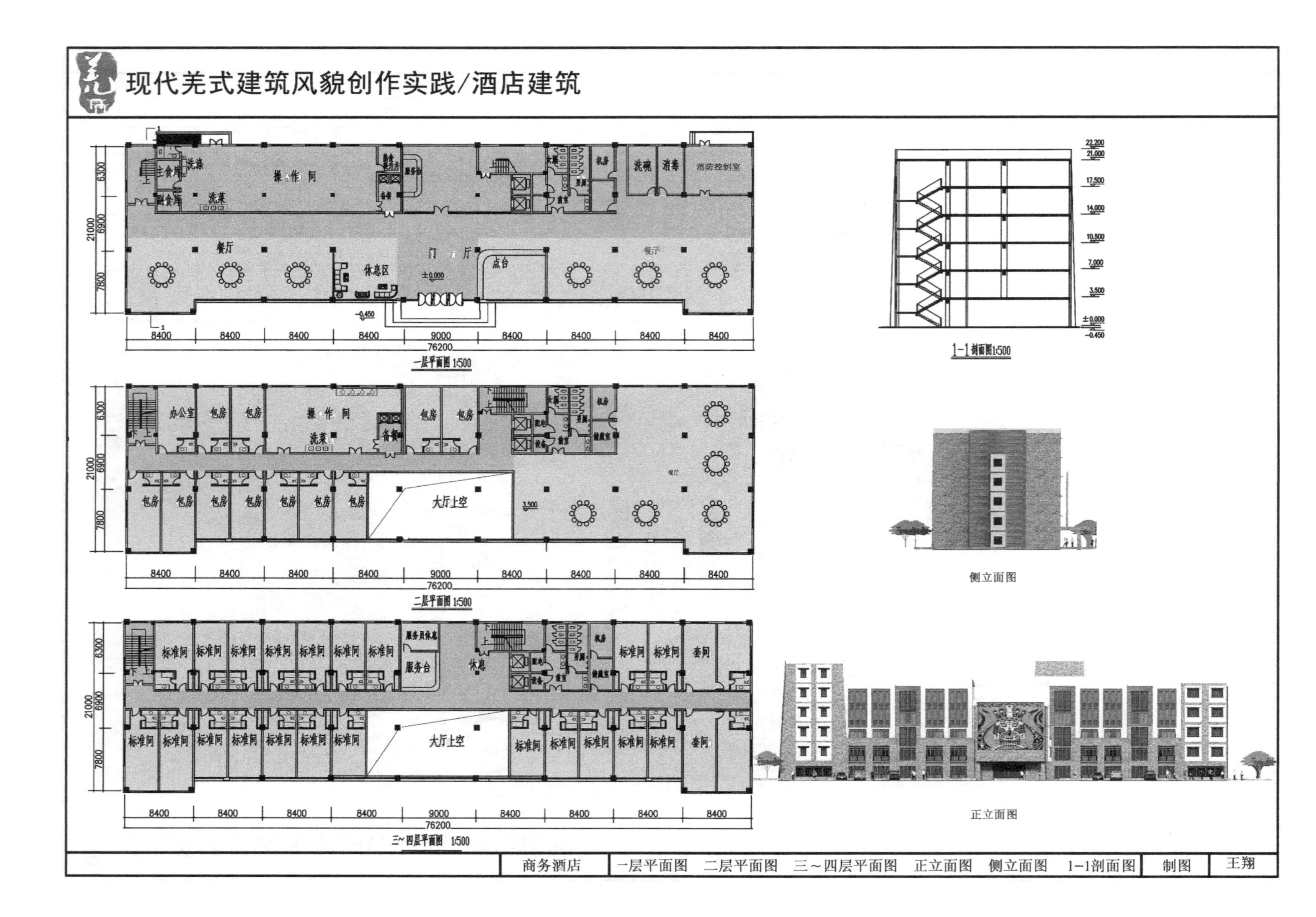
现代美式建筑风貌创作实践/酒店建筑
一层平面图 1:500
二层平面图 1:500
三~四层平面图 1:500
1-1剖面图1:500
侧立面图
正立面图
商务酒店
一层平面图 二层平面图 三~四层平面图 正立面图 侧立面图 1-1剖面图
制图
王翔
餐厅
门厅
休息区
点台
操作间
办公室
包房
大厅上空
标准间
套间
服务台
休息
消防控制室
76200
21000

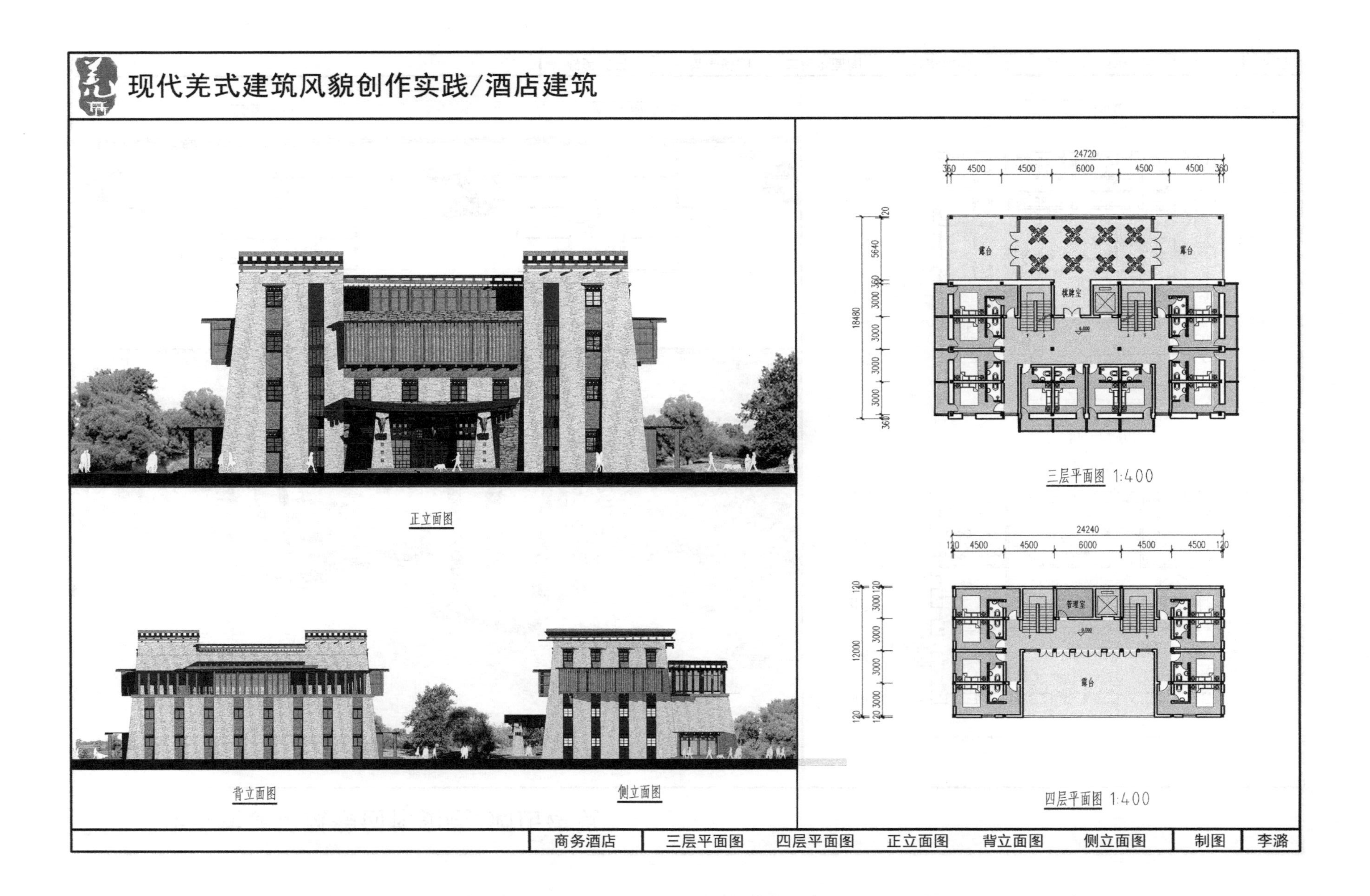
现代羌式建筑风貌创作实践/酒店建筑
正立面图
背立面图
侧立面图
24720
360 4500 4500 6000 4500 4500 360
18480
露台
棋牌室
三层平面图 1:400
24240
120 4500 4500 6000 4500 4500 120
12000
管理室
露台
四层平面图 1:400
商务酒店
三层平面图
四层平面图
正立面图
背立面图
侧立面图
制图
李潞

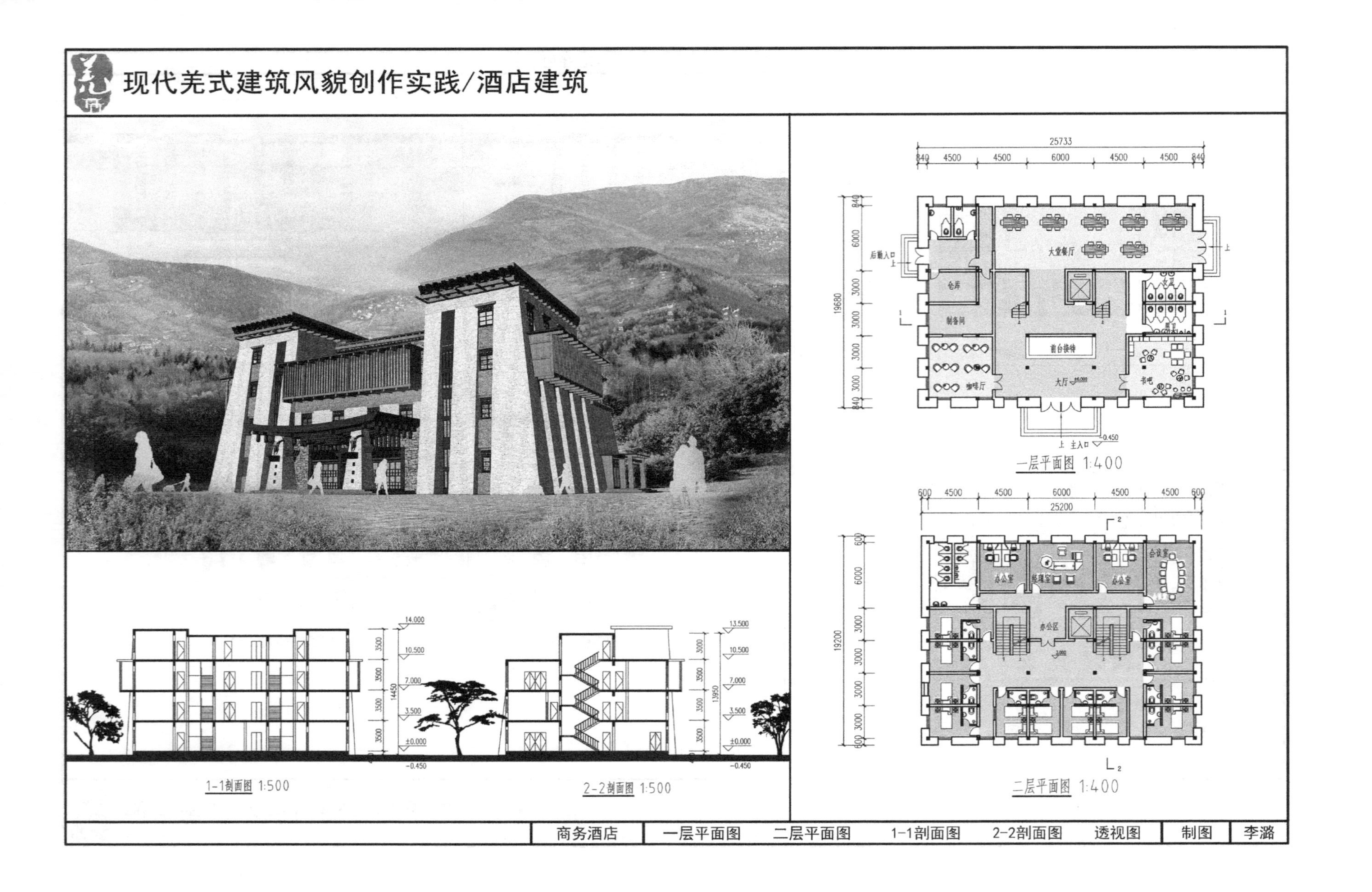
现代羌式建筑风貌创作实践/酒店建筑
大堂餐厅
后勤入口
仓库
制备间
咖啡厅
前台接待
大厅
书吧
主入口
一层平面图 1:400
办公室
经理室
会议室
办公区
二层平面图 1:400
1-1剖面图 1:500
2-2剖面图 1:500
商务酒店
一层平面图
二层平面图
1-1剖面图
2-2剖面图
透视图
制图
李潞

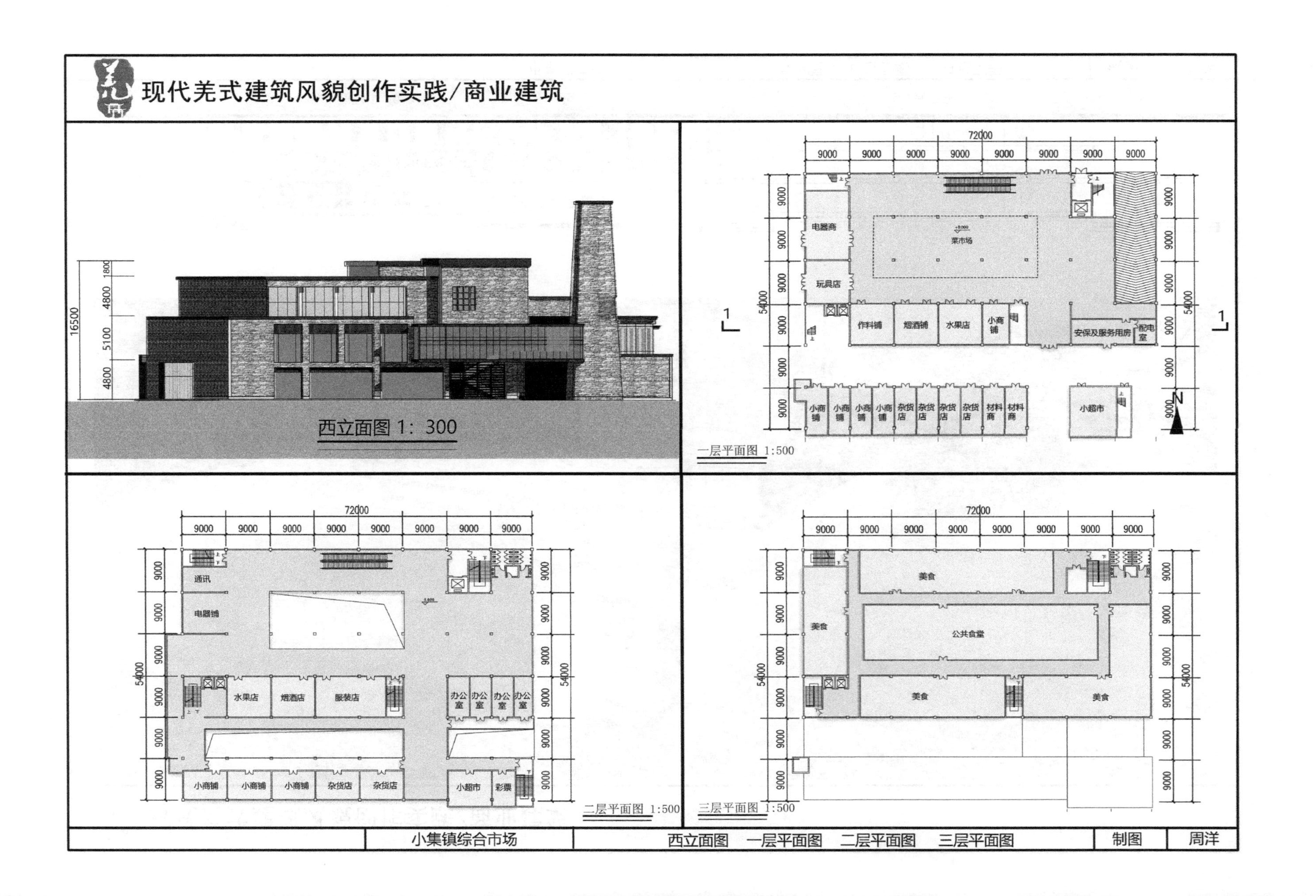
现代羌式建筑风貌创作实践/商业建筑
西立面图 1：300
一层平面图 1:500
电器商
玩具店
菜市场
作料铺
烟酒铺
水果店
小商铺
安保及服务用房
配电室
杂货店
材料商
小超市
二层平面图 1:500
通讯
电器铺
水果店
烟酒店
服装店
办公室
小商铺
杂货店
彩票
三层平面图 1:500
美食
公共食堂
小集镇综合市场
西立面图 一层平面图 二层平面图 三层平面图
制图
周洋

现代羌式建筑风貌创作实践/商业建筑
16500
1800
4800
5100
4800
南立面图 1:400
1-1剖面图 1:400
小集镇综合市场
效果图 南立面图 1-1剖面图
制图
周洋

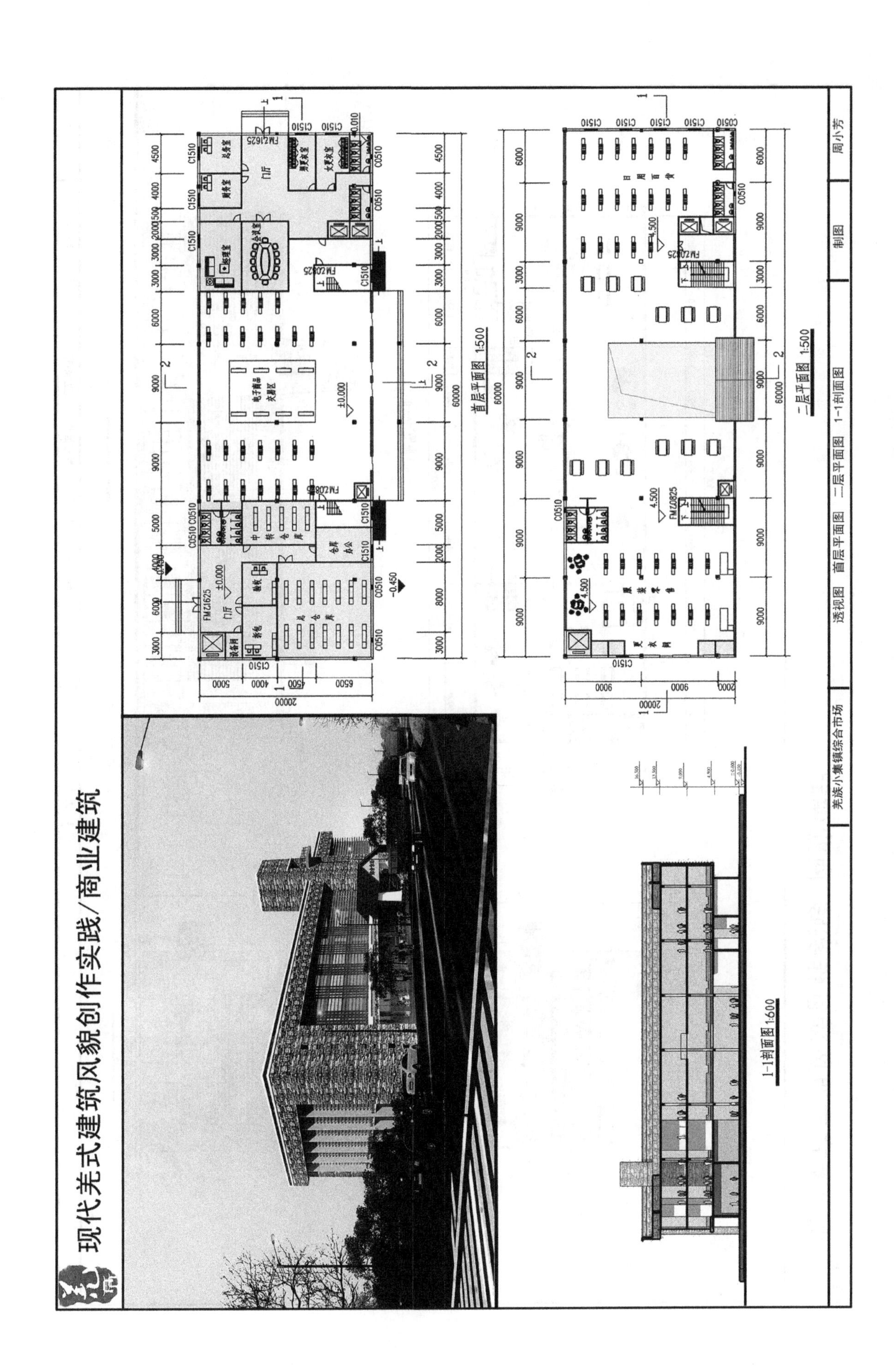
现代羌式建筑风貌创作实践/商业建筑
首层平面图 1:500
二层平面图 1:500
1-1剖面图 1:600
羌族小集镇综合市场
透视图　首层平面图　二层平面图　1-1剖面图
制图
周小芳

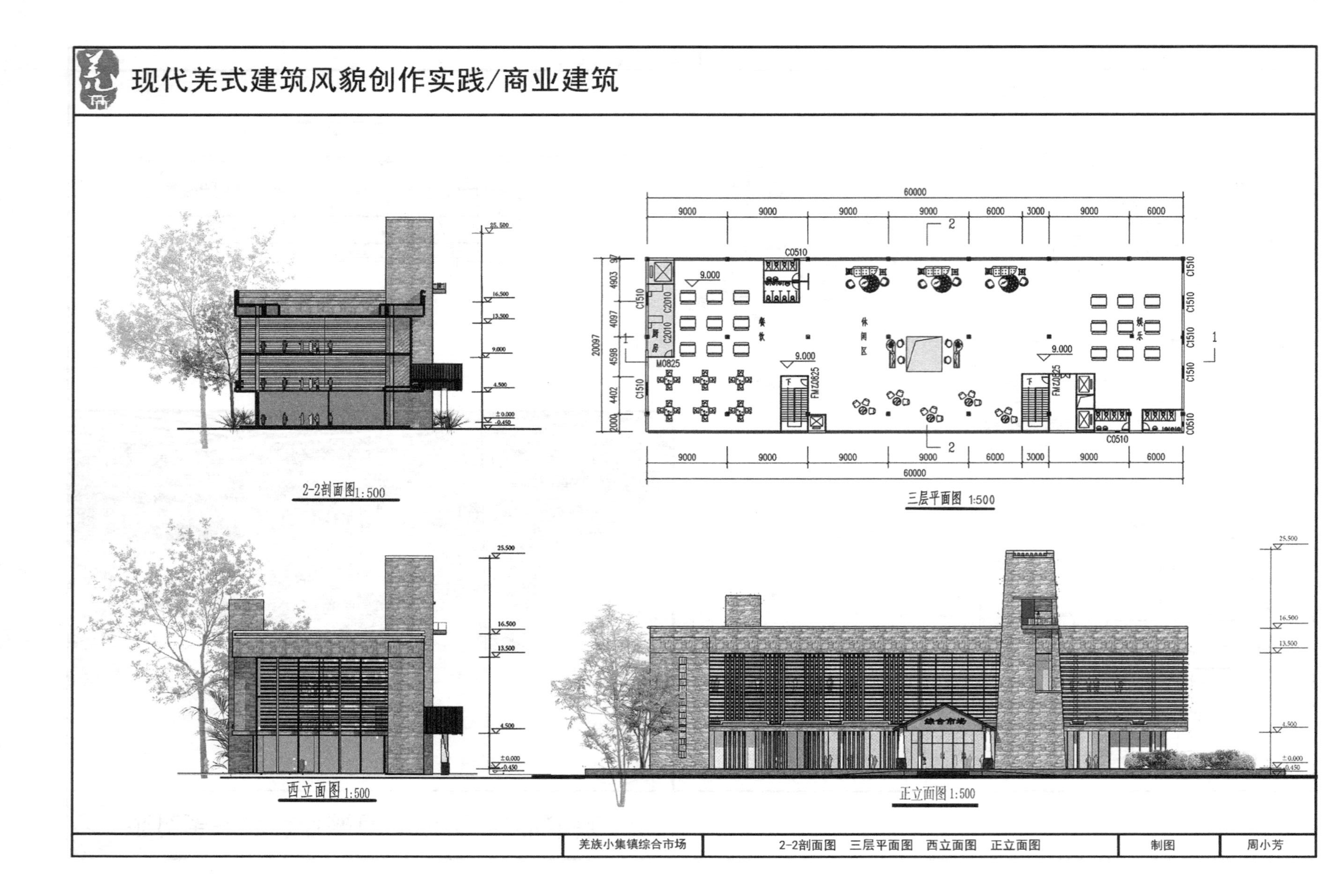
现代羌式建筑风貌创作实践/商业建筑
2-2剖面图1:500
三层平面图 1:500
西立面图 1:500
正立面图 1:500
羌族小集镇综合市场
2-2剖面图 三层平面图 西立面图 正立面图
制图
周小芳

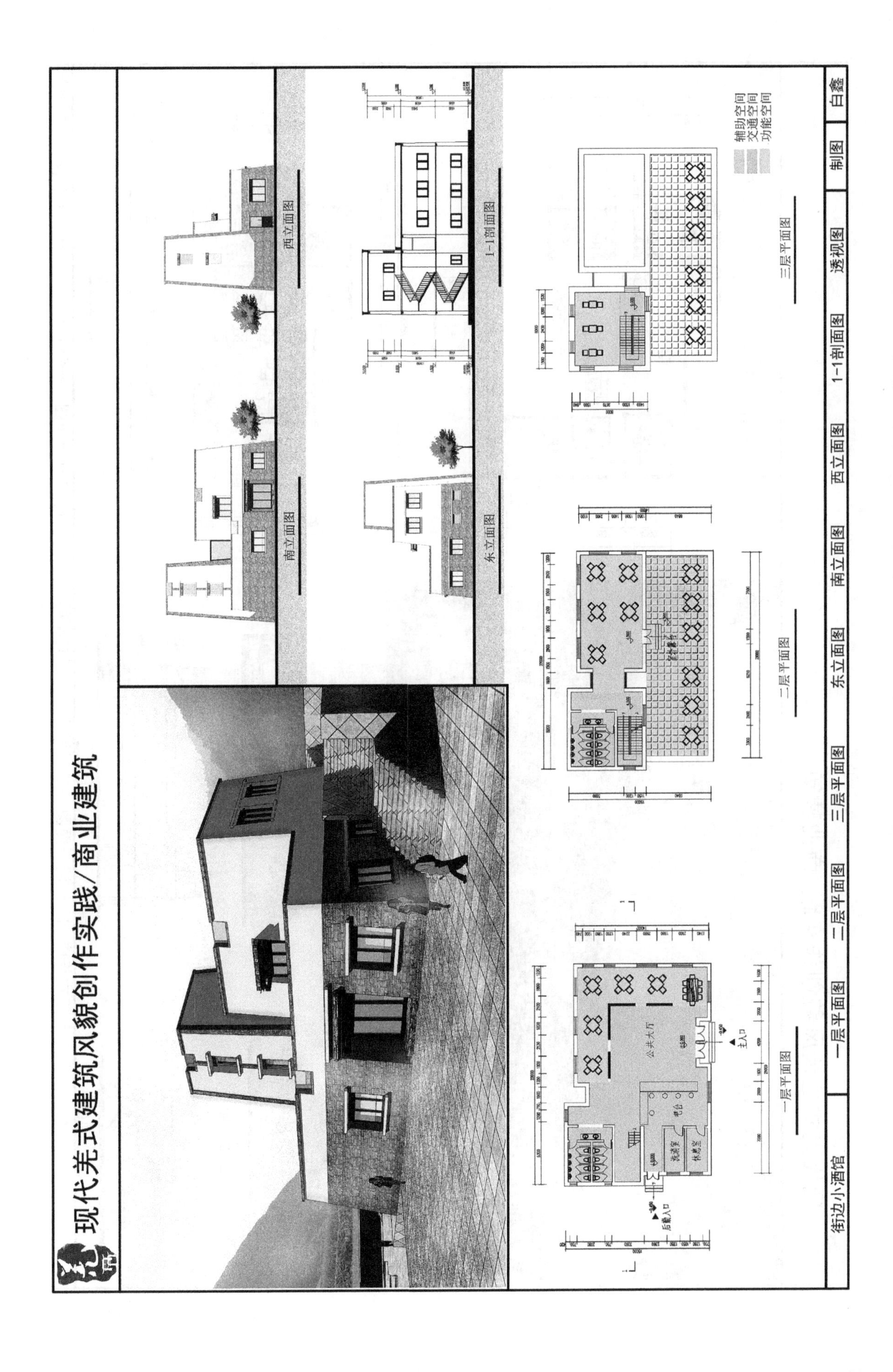

现代羌式建筑风貌创作实践/商业建筑
南立面图
西立面图
东立面图
1-1剖面图
一层平面图
二层平面图
三层平面图
辅助空间
交通空间
功能空间
公共大厅
主入口
街边小酒馆
一层平面图
二层平面图
三层平面图
南立面图
东立面图
西立面图
1-1剖面图
透视图
制图
白鑫

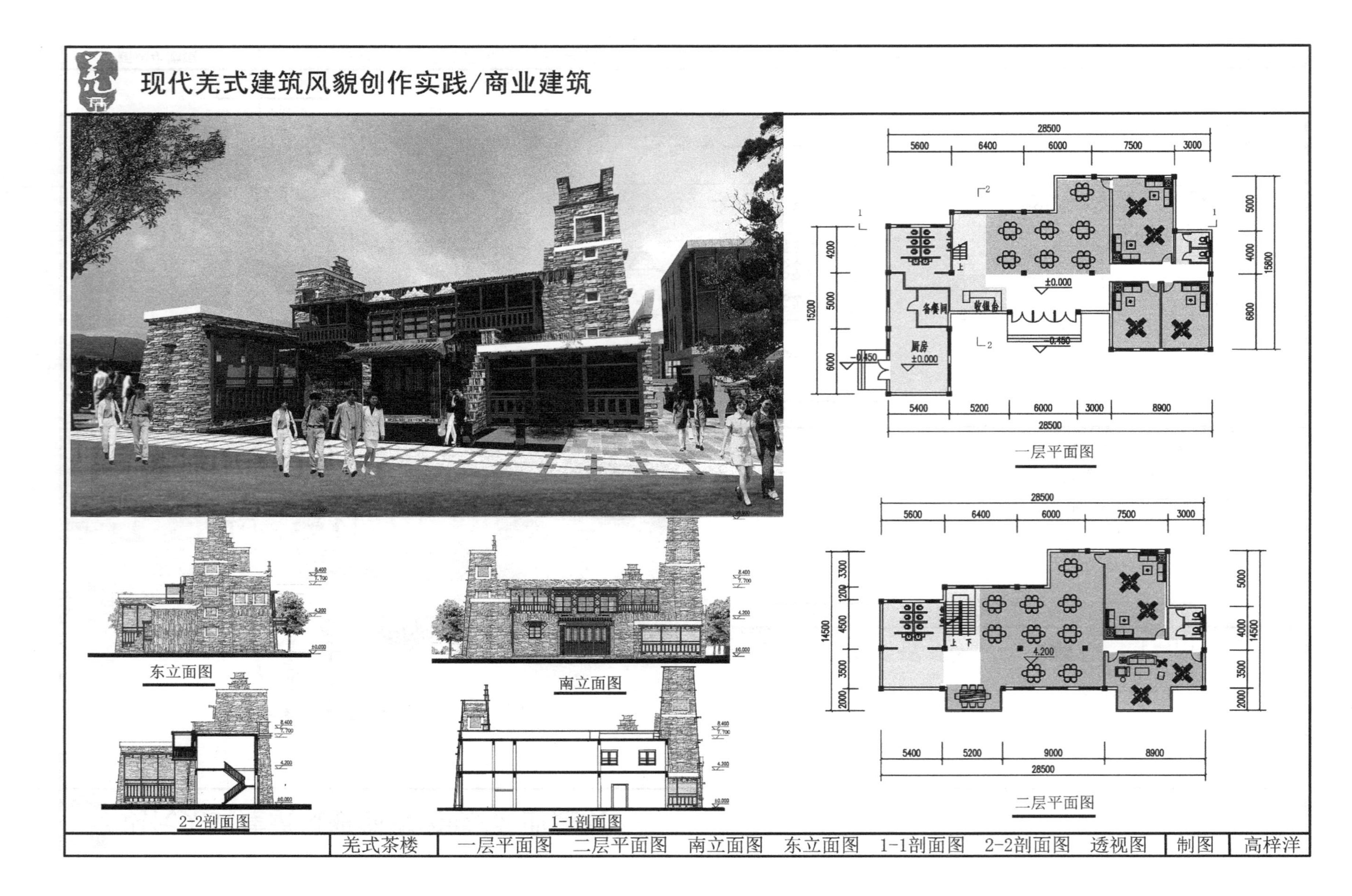

现代羌式建筑风貌创作实践/商业建筑
一层平面图
二层平面图
东立面图
南立面图
2-2剖面图
1-1剖面图
羌式茶楼
一层平面图 二层平面图 南立面图 东立面图 1-1剖面图 2-2剖面图 透视图
制图
高梓洋

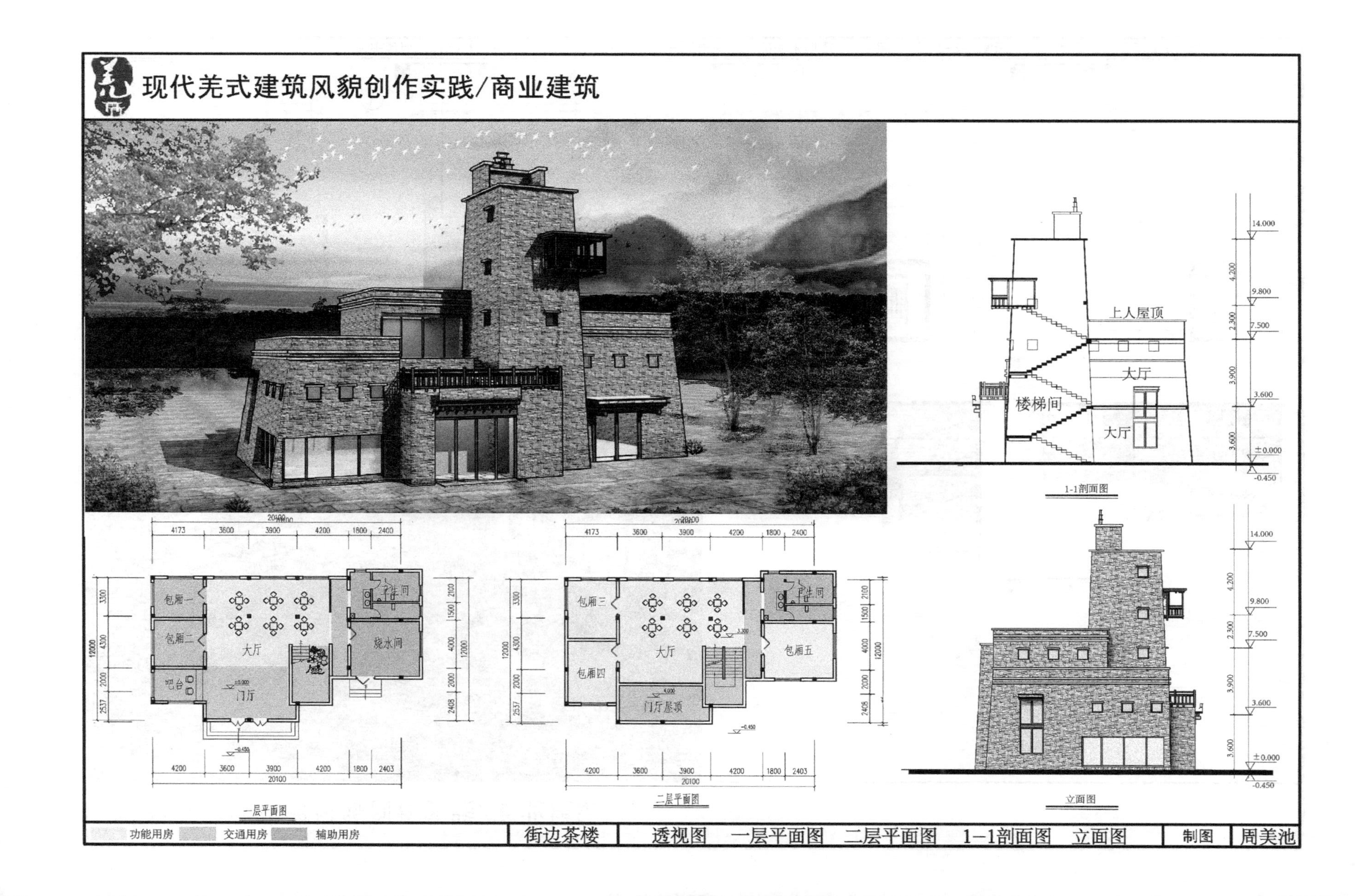
现代羌式建筑风貌创作实践/商业建筑
上人屋顶
大厅
楼梯间
大厅
1-1剖面图
包厢一
包厢二
吧台
大厅
门厅
卫生间
烧水间
一层平面图
包厢三
包厢四
大厅
门厅屋顶
卫生间
包厢五
二层平面图
立面图
功能用房
交通用房
辅助用房
街边茶楼
透视图
一层平面图
二层平面图
1-1剖面图
立面图
制图
周美池

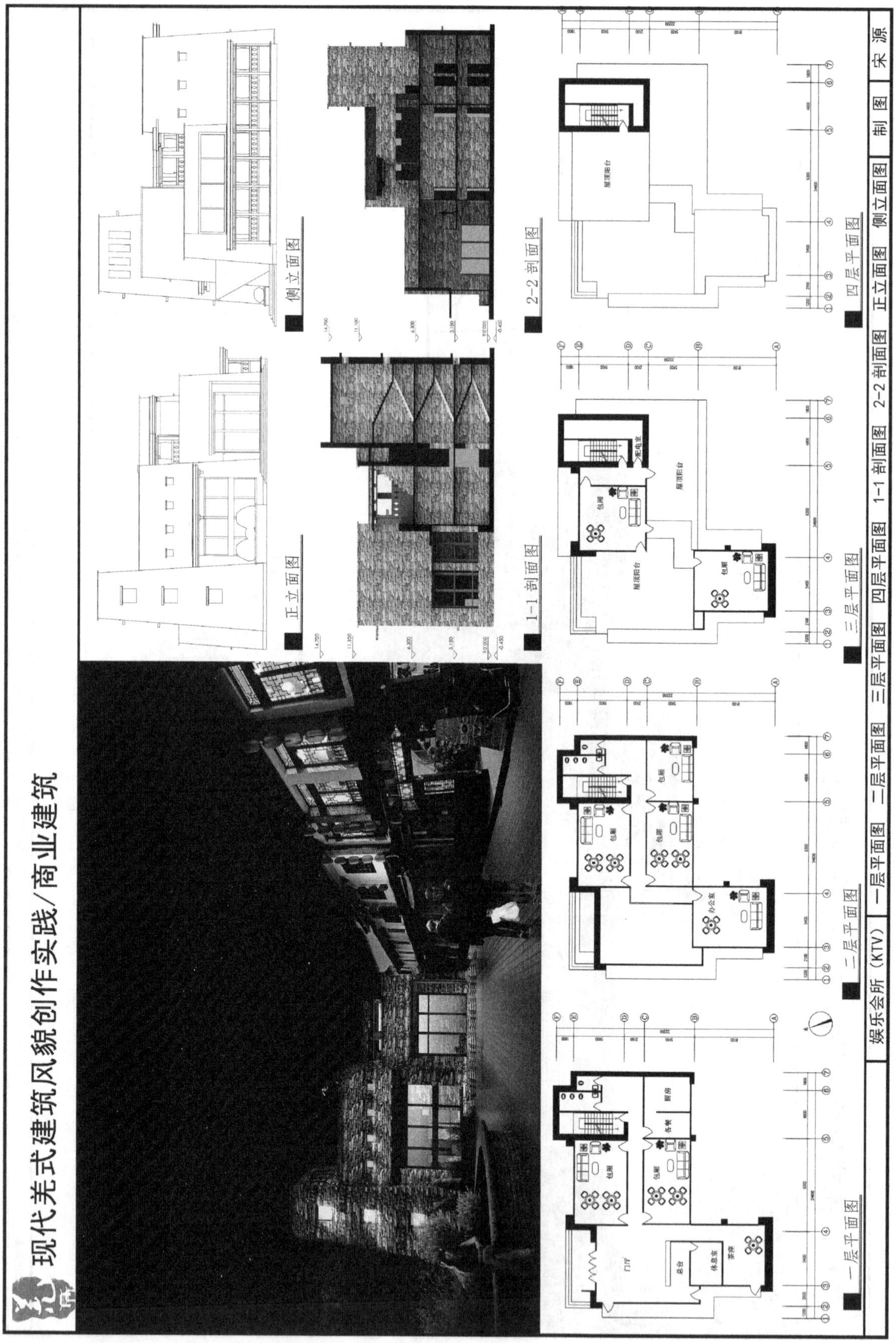

现代羌式建筑风貌创作实践/商业建筑

正立面图

侧立面图

1-1 剖面图

2-2 剖面图

一层平面图

二层平面图

三层平面图

四层平面图

娱乐会所（KTV）	一层平面图 二层平面图 三层平面图 四层平面图 1-1 剖面图 2-2 剖面图 正立面图 侧立面图	制 图	宋 源

现代羌式建筑风貌创作实践/商业建筑
西立面图1：500
东立面图1：500
总平面图
沿街商业
沿街效果图
节点透视图
立面图
总平面图
制图
李思蒂

现代羌式建筑风貌创作实践/商业建筑
南立面图
东立面图
5.600
2.800
±0.000
-0.450
1-1剖面图
5.600
2.800
±0.000
-0.450
2-2剖面图
一层平面图
二层平面图
羌式农家乐
一层平面图
二层平面图
1-1剖面图
2-2剖面图
东立面图
南立面图
透视图
制图
胡晋豪

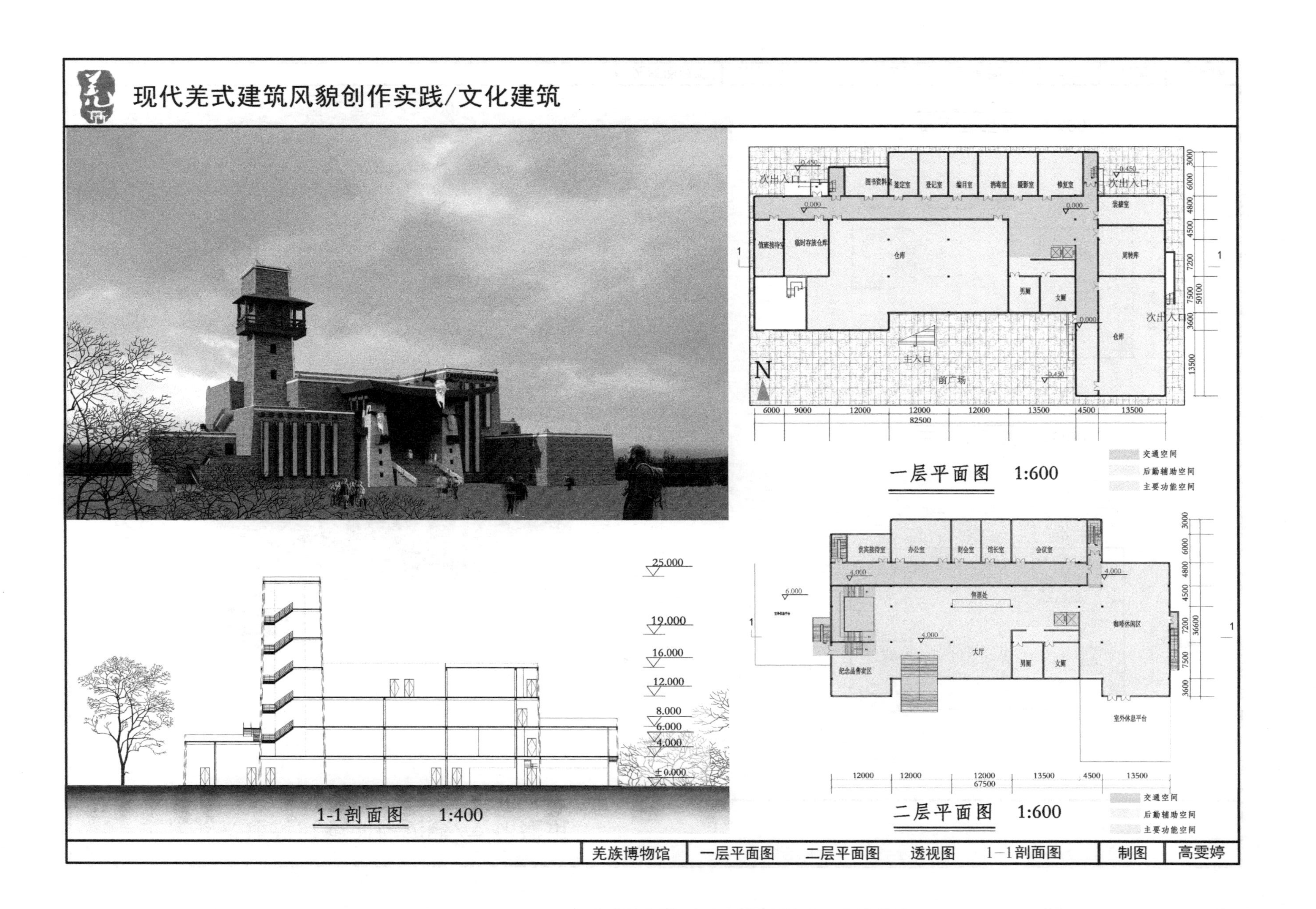
现代羌式建筑风貌创作实践/文化建筑
一层平面图　1:600
交通空间
后勤辅助空间
主要功能空间
二层平面图　1:600
1-1剖面图　1:400
羌族博物馆
一层平面图
二层平面图
透视图
1-1剖面图
制图
高雯婷

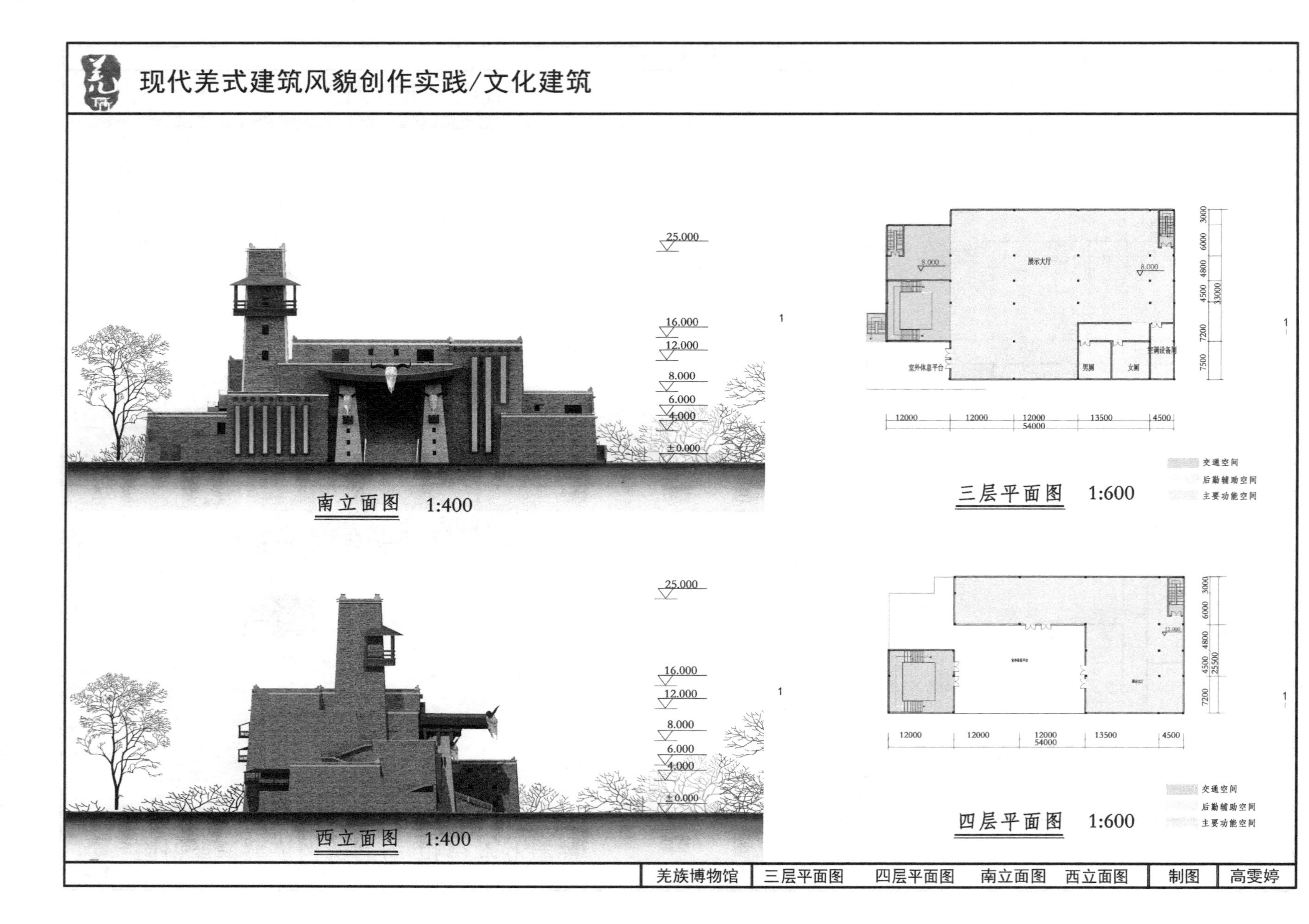

现代羌式建筑风貌创作实践/文化建筑
南立面图 1:400
西立面图 1:400
展示大厅
室外休息平台
男厕
女厕
空调设备间
三层平面图 1:600
四层平面图 1:600
交通空间
后勤辅助空间
主要功能空间
羌族博物馆
三层平面图
四层平面图
南立面图
西立面图
制图
高雯婷

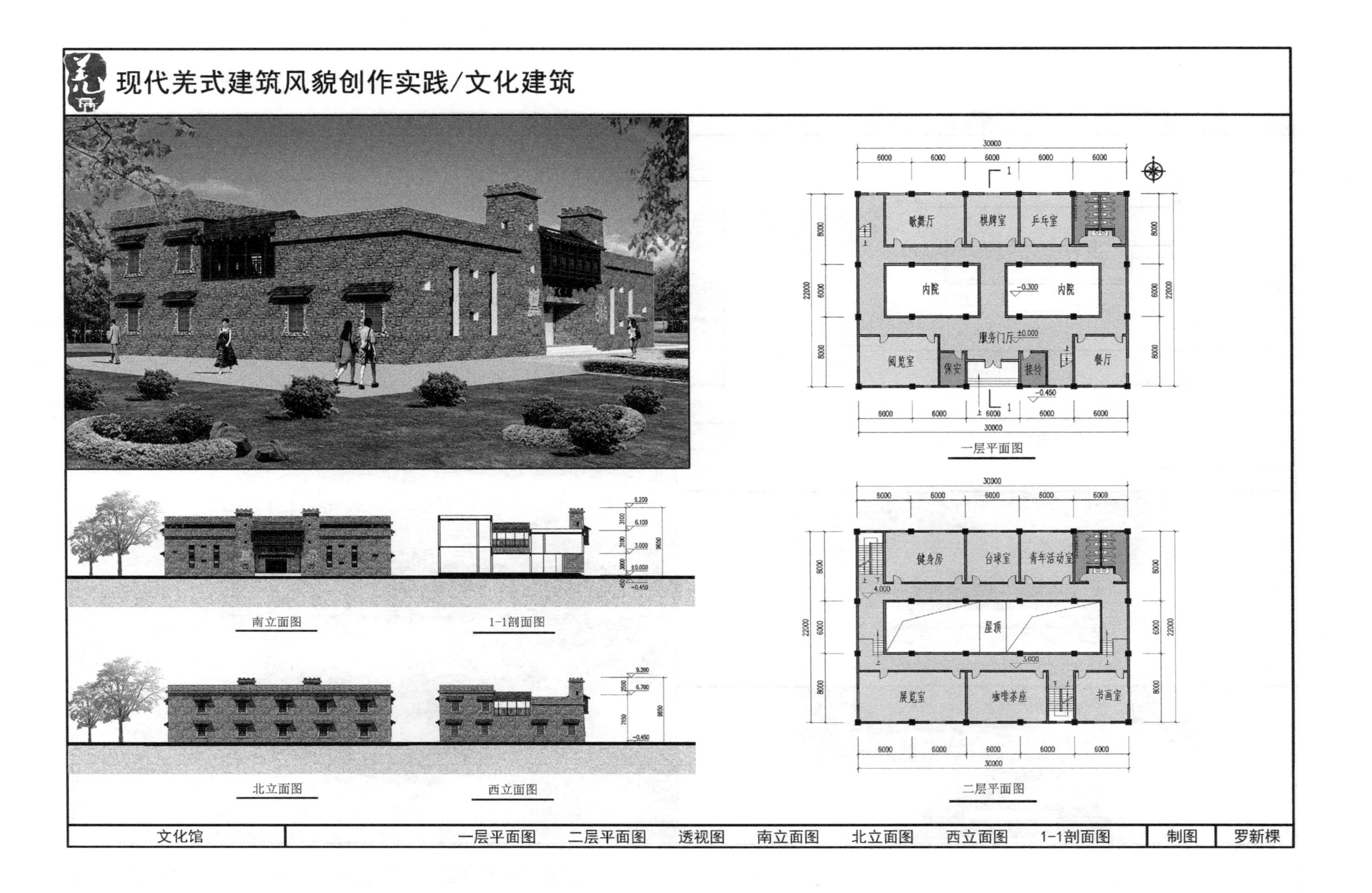

现代羌式建筑风貌创作实践/文化建筑
歌舞厅
棋牌室
乒乓室
内院
内院
服务门厅
阅览室
保安
接待
餐厅
一层平面图
健身房
台球室
青年活动室
屋顶
展览室
咖啡茶座
书画室
二层平面图
南立面图
1-1剖面图
北立面图
西立面图
文化馆
一层平面图
二层平面图
透视图
南立面图
北立面图
西立面图
1-1剖面图
制图
罗新楳

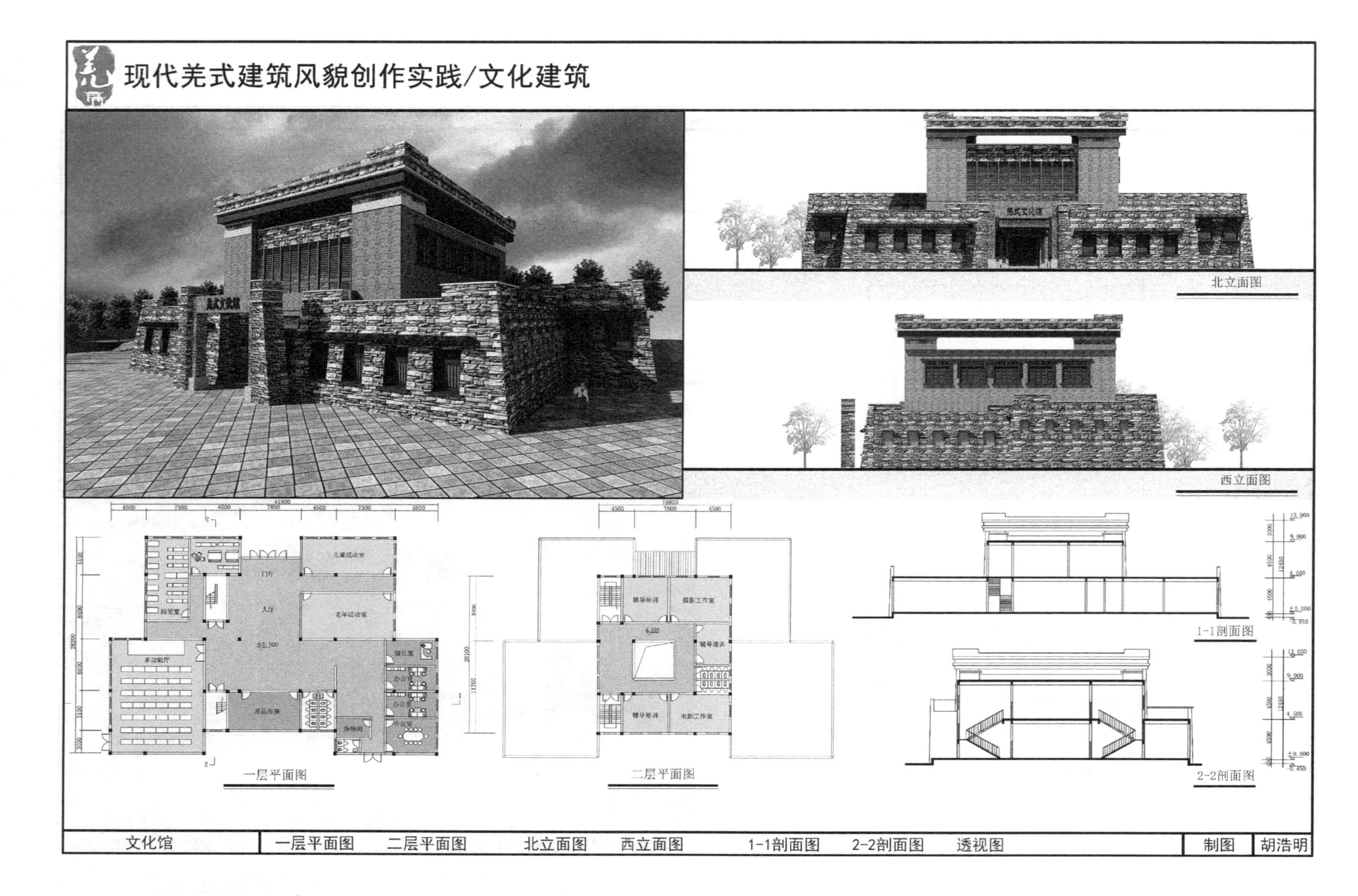
现代羌式建筑风貌创作实践/文化建筑
羌式文化馆
北立面图
西立面图
一层平面图
二层平面图
1-1剖面图
2-2剖面图
文化馆
一层平面图
二层平面图
北立面图
西立面图
1-1剖面图
2-2剖面图
透视图
制图
胡浩明

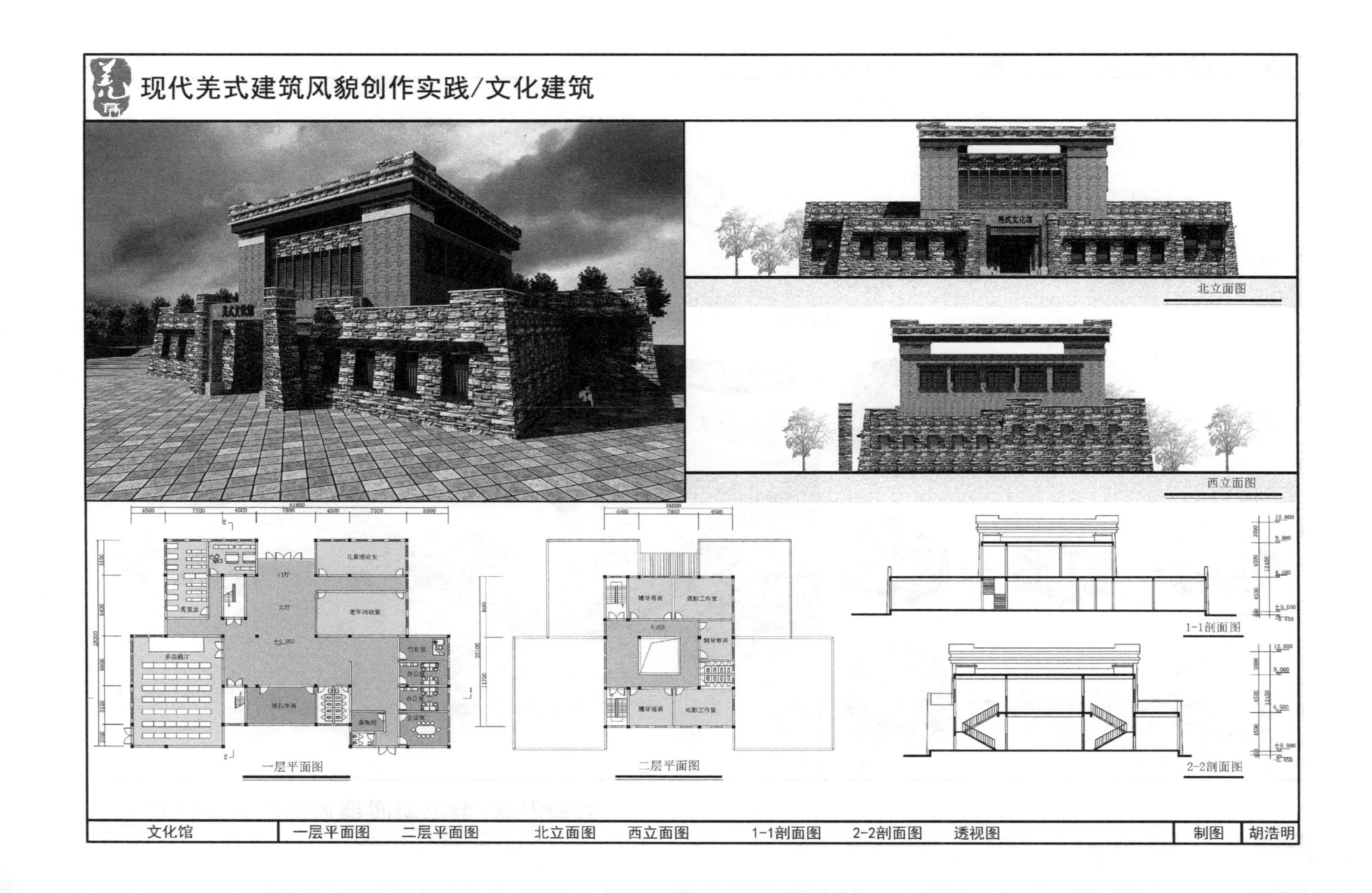

现代羌式建筑风貌创作实践/文化建筑
北立面图
西立面图
一层平面图
二层平面图
1-1剖面图
2-2剖面图
文化馆
一层平面图
二层平面图
北立面图
西立面图
1-1剖面图
2-2剖面图
透视图
制图
胡浩明

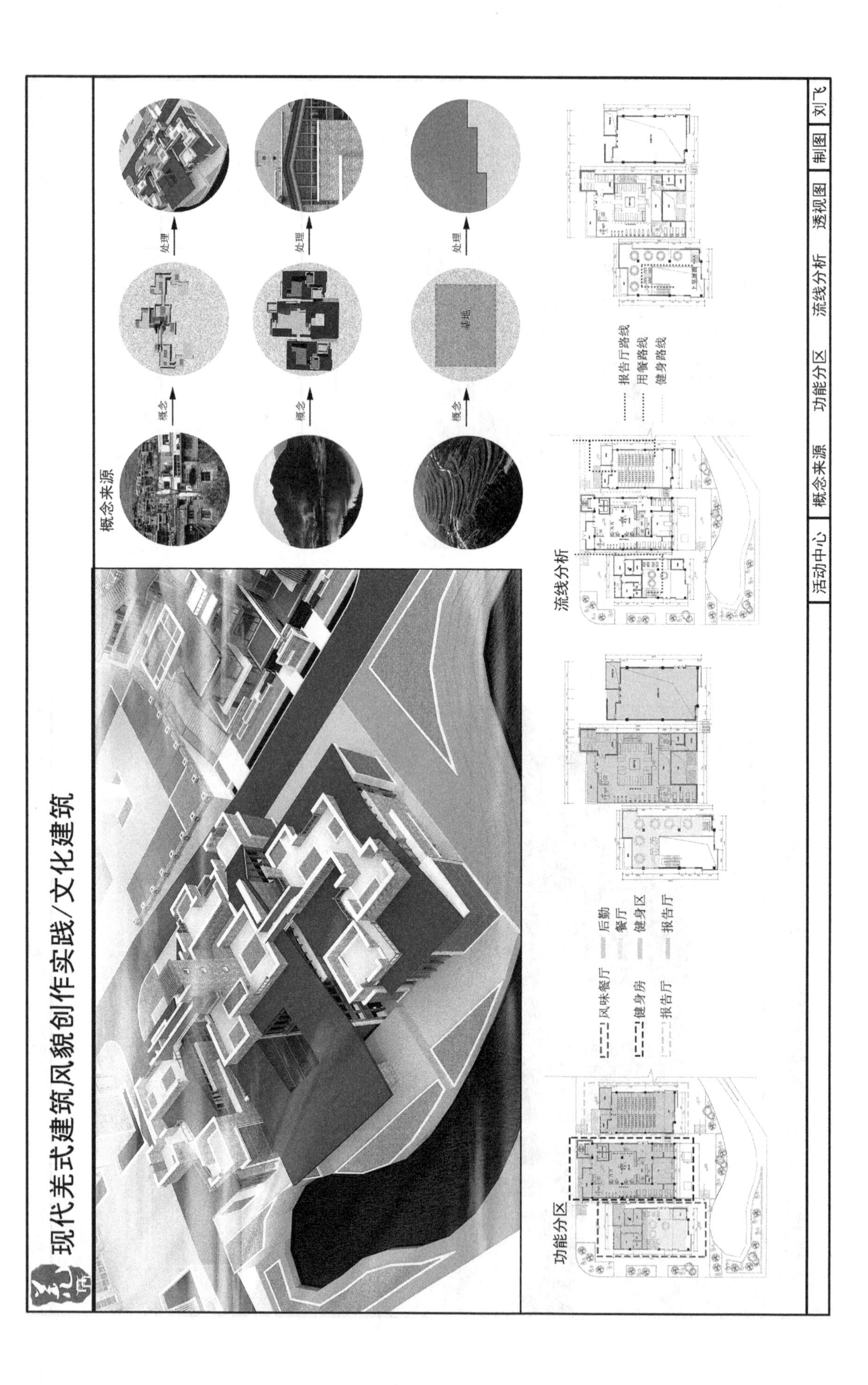
现代羌式建筑风貌创作实践/文化建筑
概念来源
概念
处理
基地
报告厅路线
用餐路线
健身路线
流线分析
功能分区
风味餐厅
健身房
报告厅
后勤
餐厅
健身区
报告厅
活动中心
概念来源
功能分区
流线分析
透视图
制图
刘飞

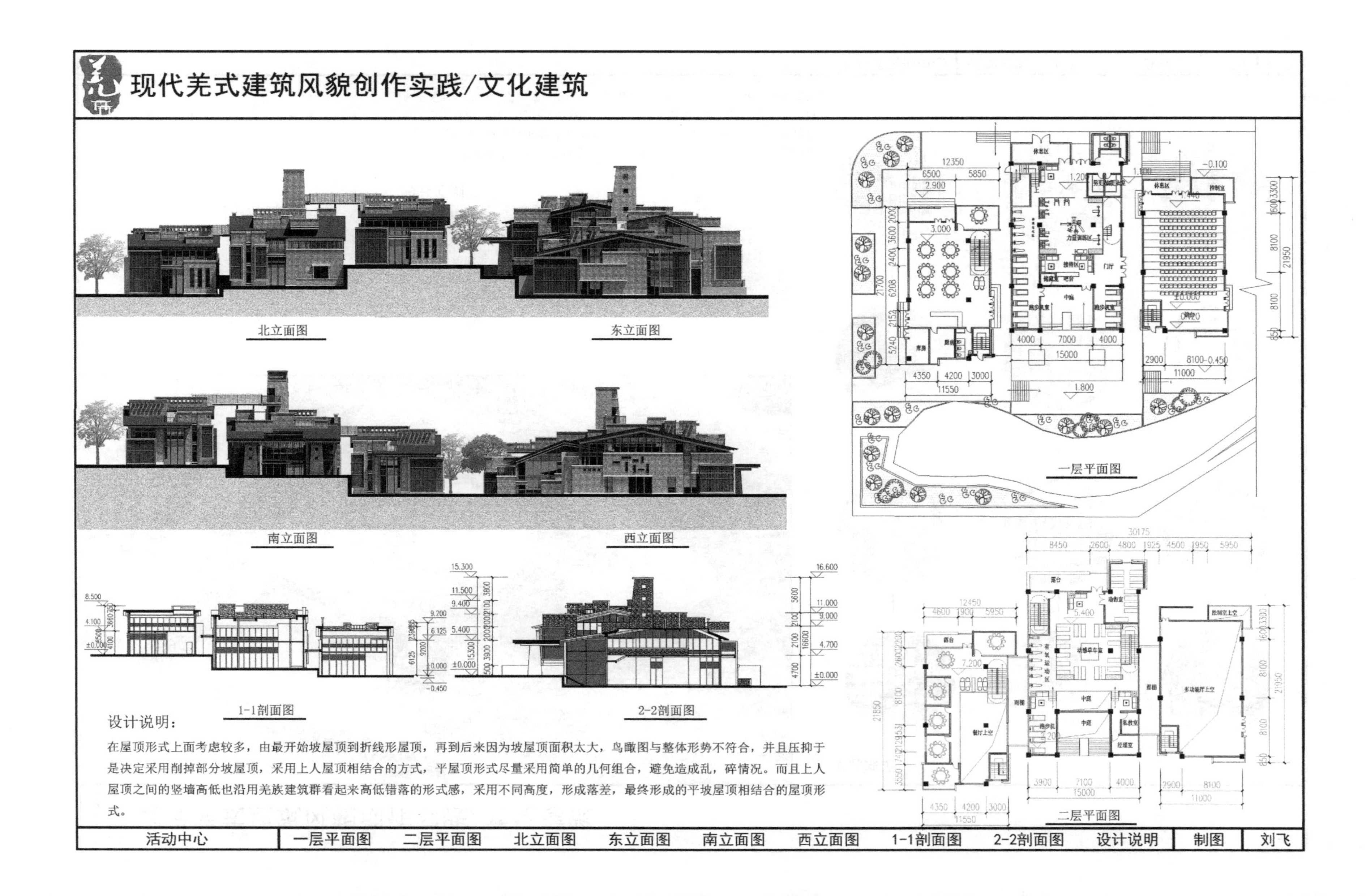
现代羌式建筑风貌创作实践/文化建筑
北立面图
东立面图
南立面图
西立面图
1-1剖面图
2-2剖面图
一层平面图
二层平面图
设计说明：
在屋顶形式上面考虑较多，由最开始坡屋顶到折线形屋顶，再到后来因为坡屋顶面积太大，鸟瞰图与整体形势不符合，并且压抑于是决定采用削掉部分坡屋顶，采用上人屋顶相结合的方式，平屋顶形式尽量采用简单的几何组合，避免造成乱，碎情况。而且上人屋顶之间的竖墙高低也沿用羌族建筑群看起来高低错落的形式感，采用不同高度，形成落差，最终形成的平坡屋顶相结合的屋顶形式。
活动中心
一层平面图
二层平面图
北立面图
东立面图
南立面图
西立面图
1-1剖面图
2-2剖面图
设计说明
制图
刘飞

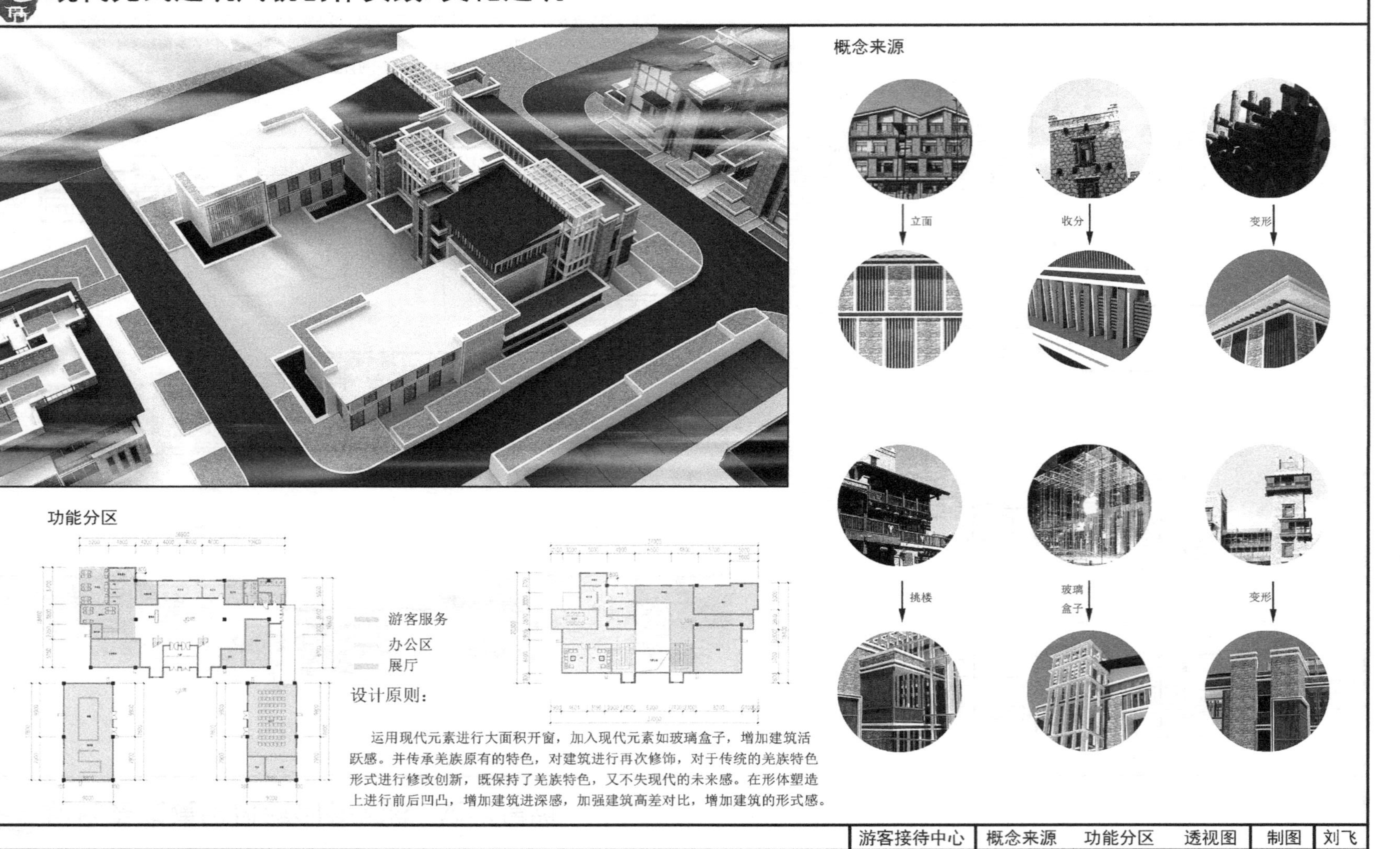

现代羌式建筑风貌创作实践/文化建筑
概念来源
立面
收分
变形
挑楼
玻璃
盒子
变形
功能分区
游客服务
办公区
展厅
设计原则：
运用现代元素进行大面积开窗，加入现代元素如玻璃盒子，增加建筑活跃感。并传承羌族原有的特色，对建筑进行再次修饰，对于传统的羌族特色形式进行修改创新，既保持了羌族特色，又不失现代的未来感。在形体塑造上进行前后凹凸，增加建筑进深感，加强建筑高差对比，增加建筑的形式感。
游客接待中心
概念来源
功能分区
透视图
制图
刘飞

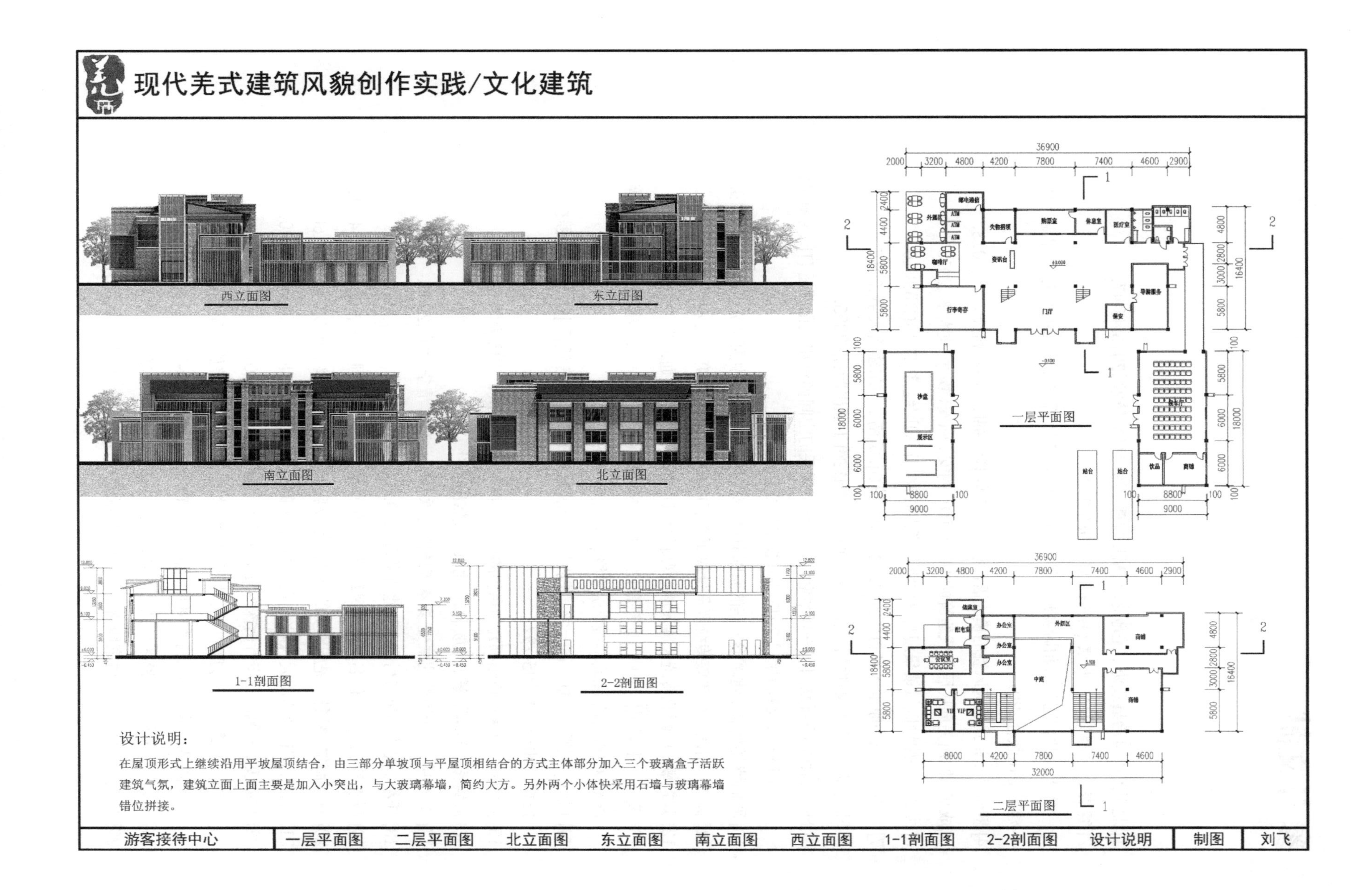
现代羌式建筑风貌创作实践/文化建筑
西立面图
东立面图
南立面图
北立面图
一层平面图
二层平面图
1-1剖面图
2-2剖面图
设计说明：
在屋顶形式上继续沿用平坡屋顶结合，由三部分单坡顶与平屋顶相结合的方式主体部分加入三个玻璃盒子活跃
建筑气氛，建筑立面上面主要是加入小突出，与大玻璃幕墙，简约大方。另外两个小体快采用石墙与玻璃幕墙
错位拼接。
游客接待中心
一层平面图
二层平面图
北立面图
东立面图
南立面图
西立面图
1-1剖面图
2-2剖面图
设计说明
制图
刘飞

参考文献

[1] 北川羌族自治县政协 . 羌地北川 [M]. 成都 : 四川科学技术 ,2016:45-47.
[2] 容庚 . 金文编 [M]. 北京 : 中华书局 ,1985:263.
[3] 中华人民共和国住房和城乡建设部 . 中国传统建筑解析与传承四川卷 [M]. 北京 : 中国建工业出版社 ,2015.
[4] 罗奇业 . 羌式建筑风貌的模式语言解析及传承 [D]. 绵阳 . 西南科技大学 ,2018.
[5] 成斌 . 四川羌族民居现代建筑模式研究 [D]. 西安 . 西安建筑科技大学 ,2015.
[6] 尤志 . 羌族地区城镇景观与文化审美意识研究 [J]. 知识经济 ,2019(15):8,10.
[7] 宋晋 . 山东平原地区乡村风貌模式语言研究 [D]. 济南 . 山东建筑大学 ,2017.
[8] 陆元鼎 . 岭南人文·性格·建筑 [M]. 北京 : 中国建筑工业出版社 ,2005.
[9] 邱月 . 陌生的新家园——异地重建后新北川居民的空间商榷和文化调适 [J]. 西南民族大学学报 (人文社科版),2017,38(03):32-39.
[10] 罗伯特·哈姆林 . 建筑形式美的原则 [M]. 邹得侬译 . 北京 : 中国建筑工业出版社 ,1982.
[11] 高瑞 . 川西嘉绒藏族传统聚落景观研究 [D]. 西安 . 西安建筑科技大学 ,2015.
[12] 刘虹敏 . 川西北传统羌族聚落景观研究 [D]. 成都 . 西南交通大学 ,2016.
[13] 凌洋, 李天昊, 宋康 . 羌族释比文化略述及其保护思考——以震后汶川、北川等羌族地区为例 [J]. 湖北科技学院学报 ,2014,(6):89-93.
[14] 成斌 , 刘帆 , 刘虹 , 谷云黎 . 羌族民居风貌营建的模式语言解析 [J]. 建筑工程技术与设计, 2017(19):795-797.
[15] 罗明刚 . 重庆城市陪都建筑风貌的传承与再现 [D]. 重庆: 重庆大学 ,2012.
[16] 周锡银 , 刘志荣著 . 羌族 [M]. 北京 : 民族出版社 ,1993.
[17] 安玉源 . 传统聚落的演变·聚落传统的传承 [D]. 北京: 清华大学 ,2004.
[18] 任浩 . 羌族建筑与村寨 [J]. 建筑学报 ,2003(08):62-64.
[19] 杨宏烈 . 历史文化名城建筑风貌特色的传承与创新 [J]. 中国名城 ,2011(02):34-41.
[20] 罗曦海尔 , 罗徕 . 羌族建筑的材料运用及启示 [J]. 文艺争鸣 ,2013(06):158-160.
[21] 陈洁 . 解析亚历山大《建筑模式语言》中的空间研究 [D]. 北京: 清华大学 ,2007.
[22] 林冰凌 . 羌风商业步行街探析 [D]. 成都: 西南交通大学 ,2013.
[23] 熊锋 , 成斌 , 陈玉 , 邱思婷 , 张远雪 . 浅谈高山峡谷地区羌族板屋民居聚落特征——以平武县马槽乡黑水村为例 [J]. 建材与装饰 ,2018(30):146-147.
[24] 张慧慧 . 羌族旅游景区公共艺术设计研究 [D]. 成都: 西南交通大学 ,2012.
[25] 高弋乔 . 北川羌族村寨聚落景观空间特征研究 [D]. 重庆: 西南大学 ,2016.

[26] 邓盛杰 . 都江堰市城市建筑风貌特色研究与实践 [D]. 成都：西南交通大学 ,2003.
[27]C·亚历山大 . 建筑模式语言：城镇、建筑、构造 [M]. 王昕度 , 周序鸣译 . 北京 : 知识产权出版社 ,1989.
[28] 何镜堂 . 基于“两观三性”的建筑创作理论与实践 [J]. 华南理工大学学报 (自然科学版),2012,40(10):12-19.
[29] 雍承鑫 . 从水磨羌城建筑风貌看灾后恢复重建对羌文化的传承与保护 [J]. 四川戏剧 ,2013(07):120-123.
[30] 刘劼 . 四川水磨古镇空间形态分析研究 [D]. 西安：西安建筑科技大学 .2014.
[31] 季富政 . 中国羌族建筑 [M]. 成都 : 西南交通大学出版社 ,1997.
[32] 季富政 . 创造世界最大的羌族聚落群城市形态 [J]. 中外建筑 ,2008(09):41-42.
[33] 宛克忠 . 承接、保护、创新——理县桃坪羌寨新村规划设计 [J]. 中外建筑 ,2011(09):98-102.
[34] 罗丹青 , 李路 . 四川羌族民居中的院落空间 [J]. 华中建筑 ,2009,(11):153-155.
[35] 赵曦 , 赵洋 . 勒色 : 羌族民居建筑文化符号 [J]. 文艺争鸣 ,2010(04):92-96.
[36] 邢同和 , 申浩 . 建筑表皮的肌理化建构 [J]. 新建筑 ,2010(06):80-83.
[37] 刘冲 , 李钰 , 岳邦瑞 . 当代国外生土材料的复合应用与现代表达研究 [J]. 建筑与文化 ,2016(08):218-219.
[38] 卢娜 . 石碉巍巍柱西南——走近桃坪羌寨 [J]. 中华建设 ,2018(05):151-154.
[39] 黄元庆 , 黄蔚 . 色彩构成 [M]. 上海 : 东华大学出版社 ,2006.
[40] 许蕾蕾 . 北京旧城王府建筑色彩研究 [D]. 北京：北京建筑大学 ,2014.
[41] 杨金枝 . 北京旧城戏楼建筑色彩研究 [D]. 北京：北京建筑大学 ,2014.
[42] 李俊新 . 地域性建筑科研方法的评析 [J]. 南方建筑 .2006(11):114-117.
[43] 蔡袁朝 , 肇晖奇 . 新地域建筑创作中建构文化的基本问题研究 [J]. 华中建筑 ,2012,30(05):22-24.
[44] 廖屿荻 .“文化地域主义”民俗博物馆形态设计探索 [D]. 重庆：重庆大学 ,2003.
[45] 田凯 . 宗教意识对建筑的影响——解读羌族建筑 [J]. 雁北师范学院学报 ,2007(01):49-51.
[46] 刁建新 . 文化传承与多元化建筑创作研究 [D]. 天津：天津大学 ,2010.
[47] 北川抗震纪念园 [J]. 建筑创作 .2010(05):166-169.
[48] 刘致平 . 中国居住建筑简史 [M]. 北京 : 中国建筑工业出版社 ,1990.

[49] 王晓莉 . 中国少数民族建筑 [M]. 北京 : 五洲传播出版社 ,2007.
[50]Wei Chen,Yue Shen,Yana Wang. Evaluation of economic transformation and upgrading of resource-based cities in Shaanxi province based on an improved TOPSIS method [J]. Sustainable Cities and Society .2018(37):232-240.
[51] 国务院办公厅 . 国务院令第 526 号令 . 汶川地震灾后恢复重建条例 [S]. 北京 :2008.
[52] 熊梅 , 黄利利 . 近三十年羌族传统聚落研究述评 [J]. 西华师范大学学报 (哲学社会科学版), 2017(02):96-100.
[53] 张犇 . 羌族“泰山石敢当”现象的文化成因 [J]. 民族艺术研究 ,2011(01):112-117.
[54] 张红松 , 王巍 . 川西桃坪羌族传统聚落景观构成初探 [J]. 艺术教育 ,2015(12):89.
[55] 何峰 . 湘南汉族传统村落空间形态演变机制与适应性研究 [D]. 湖南: 湖南大学 , 2012.
[56] 吴勇 . 山地城镇空间结构演变研究 [D]. 重庆: 重庆大学 , 2012.
[57] 罗奇业 , 成斌 , 郭子琦 . 现代羌式建筑风貌设计的引导研究 [J]. 重庆建筑 ,2017(11):37-40.
[58] 邱月 . 陌生的新家园——异地重建后新北川居民的空间商榷和文化调适 [J]. 西南民族大学学报 (人文社科版),2017,38(03):32-39.
[59] 康凯 . 在援建中寻求“原筑”——起山、搭寨、造田 : 北川羌族自治县文化中心的建设之路 [J]. 建筑学报 ,2011(12):43-45.
[60] 薛晓英 . 独具羌族特色的现代化医院——四川省北川县人民医院建设亮点 [J]. 中国医院建筑与装备 ,2011,12(01):52-55.
[61] 王华彬 . 创造形象 , 体现思想 [J]. 建筑学报 ,1982(10):1-4.
[62] 陈汇霖 . 对中国传统建筑文化的传承与发展分析 [J]. 中外建筑 , 2018(02):59-60.
[63] 黄婷 . 活力和真实的背后·模式与永恒——浅析《建筑的永恒之道》[J]. 华中建筑 ,2014,32(06):26-29.
[64] 张晓健 , 李生效 . 建筑尺度与人的心理 [J]. 沈阳建筑工程学院学报 ,1999(02):96-99.
[65] 卢健松 , 彭丽谦 , 刘沛 . 克里斯托弗·亚历山大的建筑理论及其自组织思想 [J]. 建筑师 ,2014(05):44-51.
[66] 叶先知 . 岭南水乡与江南水乡传统聚落空间形态特征比较研究 [D]. 广州: 华南理工大学 ,2011.

[67] 耿创，杨显平．茂县行政中心的地域性表达 [J]. 四川建筑 ,2010,30(02):43-45.
[68] 潘慧羽．民居的绿色更新及其生态建筑模式语言建立研究 [J]. 普洱学院学报 ,2017,33(02):65-70.
[69] 蒋枫忠．闽东建筑文化的地域性表达研究 [D]. 广州：华南理工大学 ,2015.
[70] 赵勇，崔建甫．历史文化村镇保护规划研究 [J]. 城市规划 ,2004(08):54-59.
[71] 黄家平．历史文化村镇保护规划技术研究 [D]. 广州：华南理工大学，2014.
[72] 贾伟国．新疆和田区域性乡村聚落模式语言研究 [D]. 乌鲁木齐：新疆师范大学 ,2011.
[73] 张彤．整体地域建筑理论框架概述 [J]. 华中建筑 ,1999(03):20-26.
[74] 张艳娟，王爽．论西夏建国时期的人口规模 [J]. 宁夏大学学报（人文社会科学版）,2007(06):18-21.
[75] 李立敏．村落系统可持续发展及其综合评价方法研究 [D]. 西安：西安建筑科技大学 ,2011.
[76] 沈环艇，王冬．本土建筑创作与本土模式语言——来自乡土聚落的启示 [J]. 华中建筑 ,2012,30(09):147-150.
[77] 苑雪飞．基于自然语境的寒地建筑形式创作方法研究 [D]. 哈尔滨：哈尔滨工业大学 ,2016.
[78] 王人玉．回族传统建筑符号的现代演绎研究 [D]. 广州：华南理工大学 ,2016.
[79] 喇明英．羌族村寨重建模式和建筑类型对羌族文化重构的影响分析 [J]. 中华文化论坛 ,2009(03):111-114.
[80] 韩青．在流变中传承与创新——北川羌记忆与建筑本土化 [J]. 小城镇建设，2010(03):78-80.
[81]He Jing-tang. Cultural heritage and architecture innovation[J]. Time Architectural,2012(02):126-129.
[82] 张国雄．中国碉楼的起源、分布与类型 [J]. 湖北大学学报（哲学社会科学版）, 2003(04):79-84.
[83] 付少慧．城市建筑风貌特色塑造及城市设计导则的引入 [D]. 天津：天津大学 ,2009.
[84] 崔珩，黄喆．四川地区传统城镇建筑风貌的多维解析与思考 [J]. 四川建筑科学研究 ,2016(06):221-225.
[85] 四川省勘查设计协会．四川民居 [M]. 成都：四川人民出版社 ,1996.
[86] 官礼庆．杂谷脑河下游羌寨民居研究 [D]. 成都：西南交通大学 ,2006.

[87] 朱子瑜 , 李明 . 纲举目张——北川新县城城镇风貌特色的建构与探讨 [J]. 建筑学报 ,2010(09):12-16.
[88] 罗瑜斌 . 珠三角历史文化村镇保护的现实困境与对策 [D]. 广州：华南理工大学 ,2010.
[89] 郑鑫 . 传统村落保护研究 [D]. 北京：北京建筑大学 ,2014.
[90] 赵文琦 . 不同材料建筑表皮在建筑立面的表现力 [J]. 中外建筑 ,2019(04):43-46.
[91] 张松 . 城市文化遗产保护国际宪章与国内法规选编 [M]. 上海市 : 同济大学出版社 ,2007.
[92] 罗小平 . 建筑表皮地域性设计研究与分析 [J]. 商品与质量 ,2009(S2):162-163.
[93] 张弘 . 羌族民居建筑及其文化研究 [J]. 成都大学学报 (社会科学版),2008(02):60-65.
[94] 袁方 . 基于“真实性”原则下的历史街区肌理、材料、色彩研究 [D]. 西安：西安建筑科技大学 ,2013.
[95] 张晨 . 基于地方特色研究建筑立面改造设计 [J]. 门窗 ,2015(10):95-96.